EF5861は人気の「ゴハチ」のなかでも特別の機関車。お召列車の先頭に立ち大役を果たした。前ページ、上：1996年10月24日、両毛線。ベルギー国王と足利学校行幸。左：2001年3月28日、北鎌倉。ノルウェイ国王とともに鎌倉行幸の際。

E F

まえがき

50年前、そこは「鉄」の聖地だった…

いつも通過していた街角、ふと気付くと新しい建物に変わっている。変わってしまった、その事実だけでなにか懐かしさを捜してしまう。思い返して昔むかし、友人といくどか通っていた場所だったりしたら、なおさらだ。その気持、誰かに伝えたくなる。共通の想いを抱ける同じ時代を生きた人、一緒に行った友人だけではなく、そこを知らない人、世代のちがう人にもにむかし話をしてみたくなる。そこはすごい場所だったんだよ、と。

そのむかし、鉄道に興味を持ちはじめた頃、とにかく鉄道の近くに行ってみたかった。東京駅に行って、山手線を一周して、線路端に立って… その次にしたことは車輛が一杯溜まっている基地を訪ねることであった。憧れの客車、憧れの電車、憧れの電気機関車、すべてが集まっている日本一の基地があった。いうまでもない、それが本書の品川客車区、田町電車区、東京機関区のあった品川〜田町間の「聖地」だ。

山手線でも、京浜東北線でも、東海道線でも、窓の開かない東海道新幹線でさえ、通過するときにはいつも目を凝らした。ときとともに車輛は変わったけれど、逆にそこが変化を教えてくれていた。思い出というだけではない。鉄道趣味の原点、いつの頃からか、そこは「聖地」になっていた。

しかし、国鉄がなくなって、寝台列車もなくなって、いやそれ以前に客車列車そのものがなくなったり、二軸貨車がなくなったりして、鉄道全体が大きく転換していることも、その「聖地」から伺い知ることができた。すっかりオトナになって、初めて「聖地」を訪問したときのような熱狂は失せ、興味も薄れていたかもしれない。しかし、なくなってしまうといわれれば、また話はちがう。

その「聖地」がなくなる。「高輪ゲートウェイ」はそのダメ押しのようなものだ。

「聖地」への思いとともに、その記憶を焼き付けておきたい、記録にしておきたい。同時代を知る同好の人と懐かしさを分かち合うだけでなく、かつての聖地の存在、そこで出遇った車輛たちを広く知らしめておきたい。

「芝浜」駅がよかった、いや「高輪」でしょ。そうした思いも込めて、品川、田町の佳き時代を書き留めよう。

「高輪ゲートウェイ」駅開業を前に

いのうえ・こーいち

もくじ

図面もくじ

品川客車区には
ブルートレインを筆頭に
優等客車をはじめ
全部で661輌もの客車を擁し…

ブルートレイン20系
「あさかぜ」(東京〜博多間、3-4レ)
「さくら」(東京〜長崎間、1-2レ)
「はやぶさ」(東京〜西鹿児島間、5-6レ)
「みずほ」(東京〜熊本間、7-8レ)

さくら

田町電車区には
151 系、153 系、155 系
そしてお召電車を含む 157 系も…

151 系：「こだま」（1-2M、5-6M）「つばめ」(2003-2004M、7-8M)「はと」（3-4M）
「おおとり」（2007-2008M）「富士」（2001-2002M、2005-2006M）

161 系：「とき」（1-2M）

153 系:「東海 1 ～ 6 号」(301 ～ 312M)「なにわ」(105-104M、111-112M)「六甲」(101-102M)
「いこま」（103-106M）「せっつ」（107-108M、113-114M）「よど」（109-110M）

155 系：「ひので」（1131-1132M）「きぼう」（1133-1134M）

157 系：「日光」（505-508M）「中禅寺」（501-504M）「ひびき」（1001 ～ 1004M）

そして、東京機関区には
EF58をはじめとして、
特急用EF60、EF65
が集結していたのだ

EF58：（EF5861 を含む）16 輛
EF65：ブルートレイン牽引機 17 輛
　　　普通型 5 輛
EF53：EF5313　1 輛のみ残存
（1967 年 3 月配置表より）

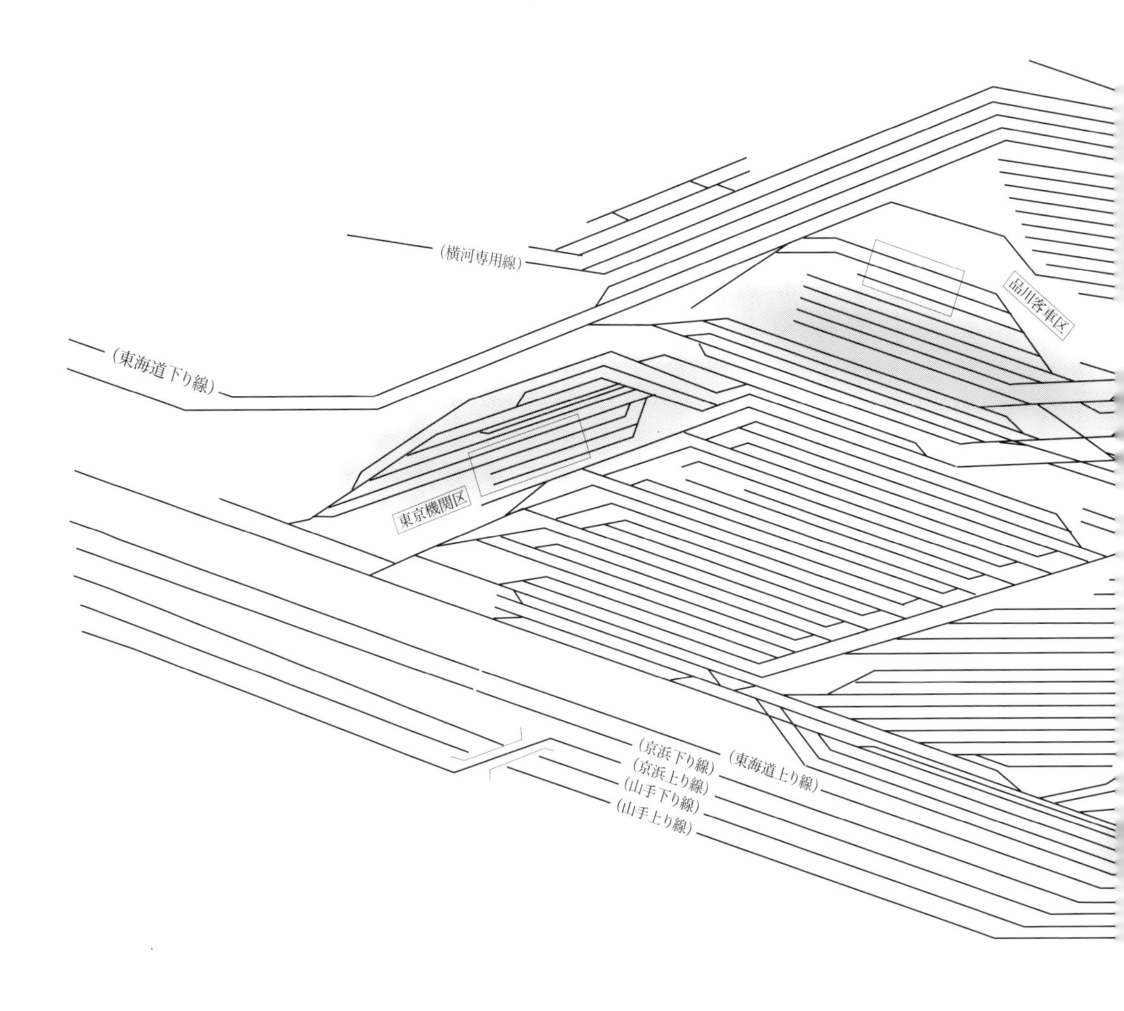

50年前、そこは「鉄」の聖地だった…

50年前、それは単にむかし話というのではない。鉄道はいまよりもずっとヴァラエティに富んでいて、そしていまより重要なポジションを保っていたように思う。夜行列車が走り、特急電車からデラックス準急まで彩り豊かで鉄道車輌も多くの魅力をたたえていた。単純に「むかしはよかった」というのではない。それはキミが若かった頃、佳き時代の思い出だからだろう？ といわれるかもしれないが、そうではない。

鉄道というのりもの、長く「陸の王者」、陸上交通の要のようにいわれていた鉄道にとって、一番輝いていた時代がその時代だったのではないだろうか。新幹線は確かに速い。単に移動の道具と考えたら進化にちがいない。だがわれわれは鉄道に道具という以上の興味を抱いてしまっているのだ。興味深い車輌、興味深い列車、興味深い路線、もう楽しみに溢れている。楽しみは多い方がいい。速いだけで、多くの楽しみを失ってはつまらない。

あの時代、蒸気機関車が消え去っただけではなく、多くのローカル線や小さな私鉄が切り捨てられるように消えていった。懐かしい故郷がなくなっていくように、小さな鉄道の沿線も姿を変えた。

… いま、新しい駅が誕生する、という。鉄道どころか周辺の街全体が大きく姿を変える、という。49年振りの山手線の新駅、その名も「高輪ゲートウェイ」。われわれ鉄道好きにとってみれば、一気に50年のむかしに思いは飛ぶ。そう、鉄道がもっと輝いていた頃、ここは一大「聖地」だったのだ。当時の鉄道を彩る花形車輌の集まる場所。新駅で「聖地」は跡形もなくなってし

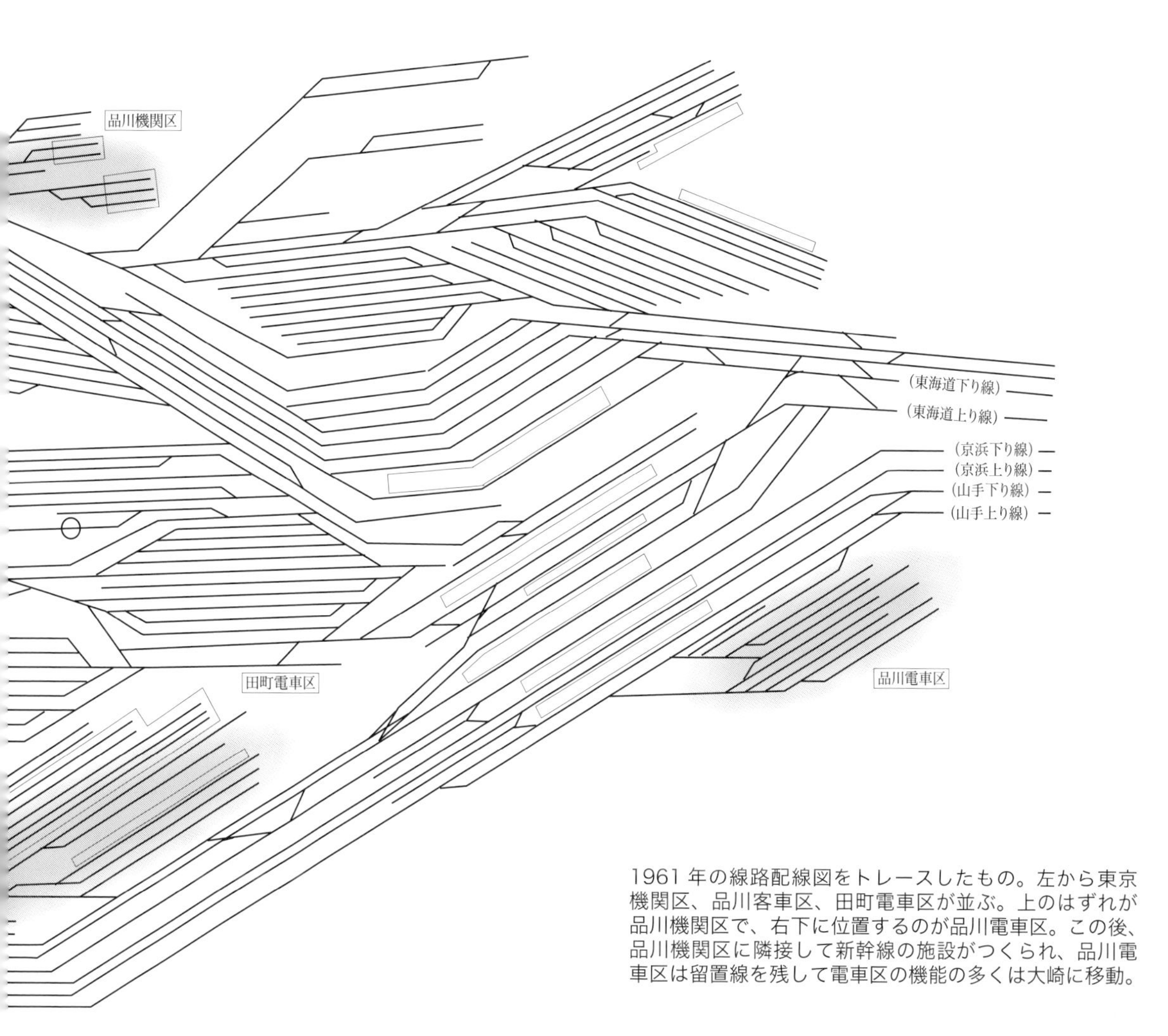

1961年の線路配線図をトレースしたもの。左から東京機関区、品川客車区、田町電車区が並ぶ。上のはずれが品川機関区で、右下に位置するのが品川電車区。この後、品川機関区に隣接して新幹線の施設がつくられ、品川電車区は留置線を残して電車区の機能の多くは大崎に移動。

まうのだが、新駅がつくられることでいっそう「聖地」の面影が鮮やかに甦る。それは鉄道華やかなりし佳き時代…

●「聖地」誕生まで

品川の線路は、それこそわが国に鉄道がやってきた、「汽笛一声…」の時代まで遡る。1872（明治5）年10月14日、旧暦では9月13日が鉄道開通の日とされるが、それより4ヶ月ほど早く6月12日に品川駅は仮営業を開始している。鉄道開業に際しては、英国から輸入された10輌の蒸気機関車、58輌の客車、75輌の貨車が用意され、新橋機関庫が開設された。のちの汐留に近い旧新橋駅から桜木町近くの旧横浜駅まで、18哩（約29km）、停留所6箇所のうちのひとつが品川駅であった。

まだ鉄道というものが広く理解を得られる前、線路は街を外れた海岸に沿ったルートを走り、品川駅も裏手はすぐに海だった、という。

つづいて、日本鉄道の手で敷かれたのちの山手線が目黒側から品川駅に到達する。それは1885年3月のこと。1906年「鉄道国有化法」によって国有鉄道になり、1909年12月16日には電化されて電車運転が開始された。その時点で、新宿電車庫品川派出所開設、1910年には品川電車庫になった。

創設期の鉄道線は1889年には神戸まで全通しており、1914年に東京まで延長され東京機関庫が設けられたのにつづき、1916年には新橋機関庫から貨物用機関車をまとめて移転し、品川機関庫を開設した。まずは電車庫につづいて蒸気機関車の基地ができたわけだ。

田町電車区ができたのは1930年3月。それより少し前、東京〜熱海間が電化されたのにつづいて、横須賀線の電車運転がはじめられた。わが国初の中長距離の電車運転である。その基地として田町電車区が開設されたわけで、生まれながらの花形電車の最先端基地というポジ

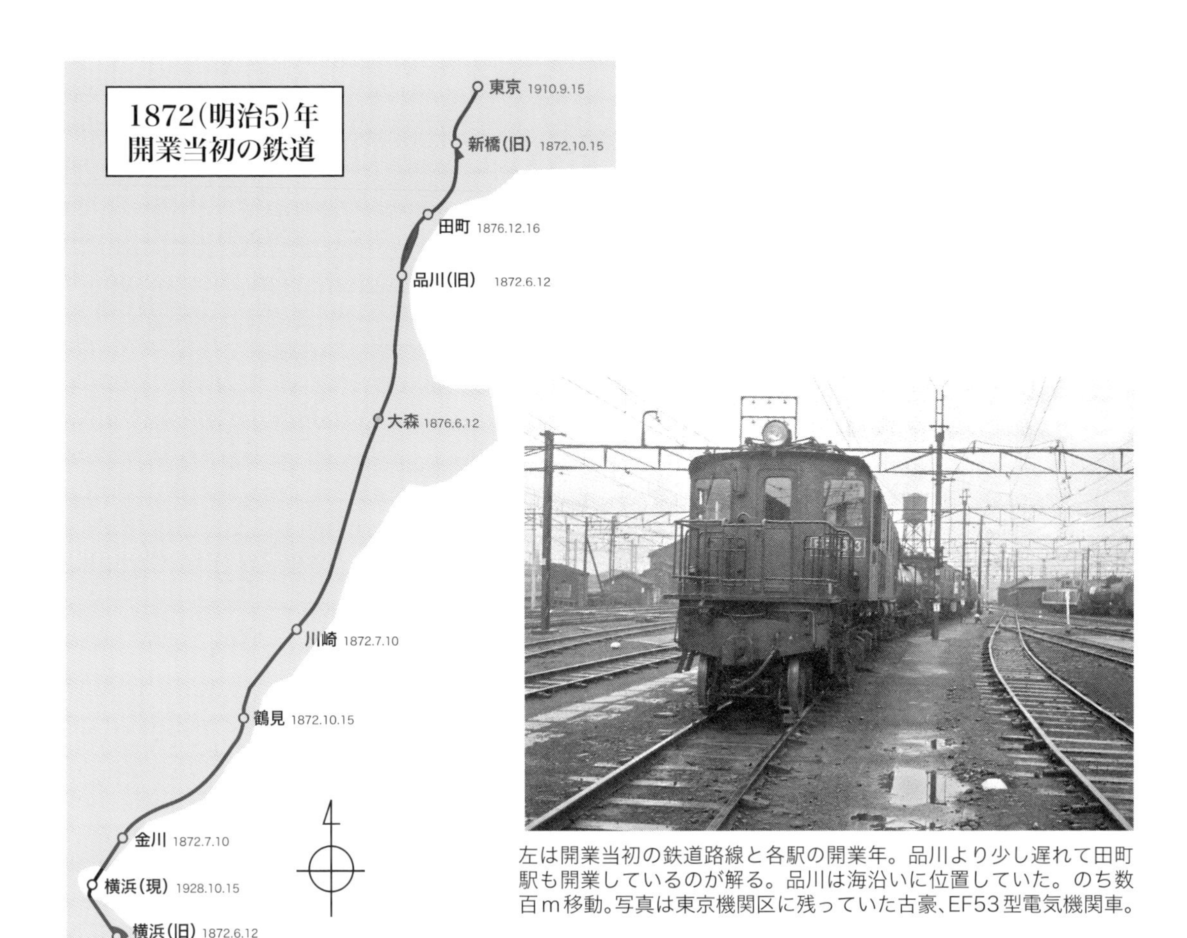

左は開業当初の鉄道路線と各駅の開業年。品川より少し遅れて田町駅も開業しているのが解る。品川は海沿いに位置していた。のち数百m移動。写真は東京機関区に残っていた古豪、EF53型電気機関車。

ションだったわけである。1950年にはわが国初の長距離用電車80系「湘南電車」、1958年にはわが国初の電車特急151系「こだま」と、その通りエポックメイキングな車輛が田町からデビュウを飾っていったのである。

話が前後するが、新橋から東京に移転していた東京機関庫も手狭になったことから、1942年11月に田町〜品川間に移転してきた。そのときには東京機関区と改称されており、すでに開通していた東海道線の東京口は電化されていたことから、この場所では最初から電気機関区となっていた。

前後して客車の留置と保守などのための広大なヤードがつくられ、そこが品川客車区となる。

戦後になって、国鉄、日本国有鉄道が発足したのは1949年6月1日。それに伴い管理局制が敷かれ、東京鉄道管理局のもとに品川客車区、田町電車区、東京機関区、それに品川電車区、品川機関区がこの地に集結するのであった。

● 華やかな時代

その頃の話題といえば、戦後の復興の象徴のように特急列車が「へいわ」として復活し、東京〜大阪間を9時間で結んだ。

機関車は静岡までの電化区間をEF56型電気機関車、そこから先をC59型蒸気機関車が受け持った。編成はスハニ32＋スハ42＋スハ42＋オロ40＋オロ40＋スシ47＋オロ40＋オロ40＋オロ40＋マイテ39という、半分以上が優等客車、最後尾は展望車という豪華なものであった。あまりに高嶺の存在だったからか、その「へいわ」に対抗するように、オハ35系など三等車だけで構成された臨時特急「さくら」が設けられたりした。それは、辛うじて食堂車が特急列車の威厳を保ったのであった。

1950年1月からは特急「へいわ」に代わって、看板列車「つばめ」が登場する。当初こそ「へいわ」を引継いだ編成であったが、半年ほど遅れて特急専用の客車、スハ44系、新しい食堂車のマシ35、特別二等車スロ60の登場によって、別

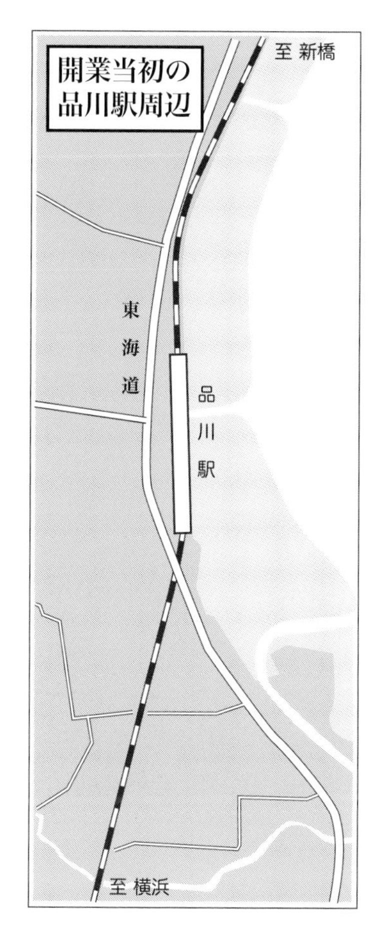

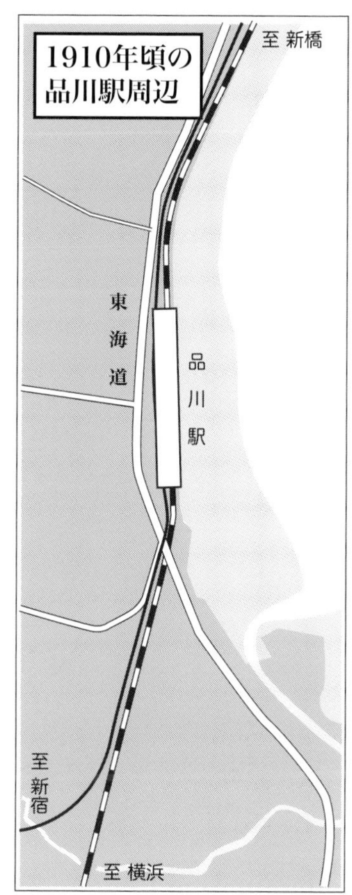

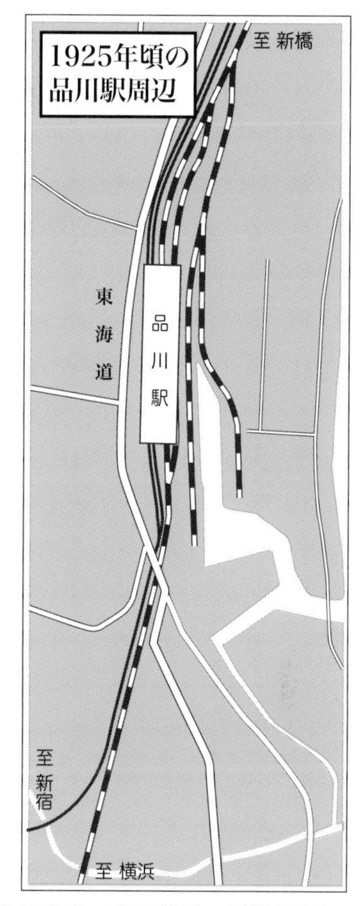

左から開業当初、110年前、95年前頃の品川駅周辺の古地図。薄い色で示めされているのは砂浜で、最初は海沿いだったのがよく解る。やがて、のちの山手線が合流するようになり、埋め立ても進んで運河が設けられている。最初から複線だったが、ヤードや引込み線が増えた。

格の編成にチェンジする。もちろん展望車も連結されて、機関車も非電化区間にはC62型が就くようになった。

「つばめ」は大阪、宮原客車区「大ミハ」持ち。同時に品川客車区の受持ちの特急「はと」も誕生、東西で看板列車を二分したのだった。展望車付の特急は、上下列車で編成ごと向きを変える必要から、品川では大崎方面の三角線を使って入換えられた。

「つばめ」「はと」は、スハニ35＋スハ44＋スハ44＋スロ60＋スロ60＋マシ35（カシ36）＋スロ60＋スロ60＋スロ60＋スロ60＋マイテ39（マイテ49、「はと」はマイテ58）であった。1956年11月には東海道線が全線電化され、それを期して客車と牽引機の新ボディを纏ったEF58型電気機関車を淡緑色（淡緑5号）に塗り替え、異彩を放った。東京～大阪間は7時間30分となり、花形の特急列車を受持つ「東シナ」は、誇り高き客車区でありつづけたのだった。

客車特急「つばめ」「はと」最後の日は、軽量客車が加わって、スハニ35＋スハ44＋スハ44＋スハ44＋スハ44＋ナロ10＋ナロ10＋オシ17＋ナロ10＋ナロ10＋ナロ10＋マイテ39となっており、新型の客車とラストのダブルルーフ展望車の取り合わせがなんとも味のあるものだった。

東京機関区の方は、1950年代に入ると戦前に配置されていた多くの輸入電気機関車が横須賀線などに転属、東京駅への回送列車などにEF50型が残るだけで、新型機関車が幅を利かせていた。EF53からEF58までズラリと一線級の機関車が揃い、話題としては、EF57型が「丹那トンネル」通過のためにパンタグラフが低くなるよう、前に張り出しダイナミックなスタイルに改装されてた、などということがあった。

■ 特急「はと」 1950年～

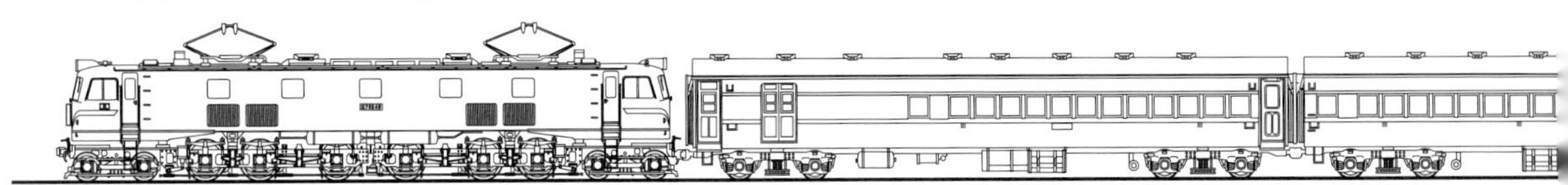

牽引機：EF58（東）　1：スハニ35（東シナ）三等荷物合造車　2：スハ44

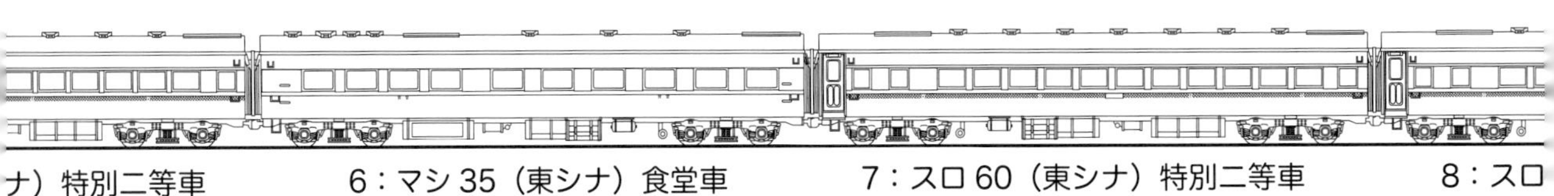

ナ）特別二等車　6：マシ35（東シナ）食堂車　7：スロ60（東シナ）特別二等車　8：スロ

■ 80系「湘南電車」 1950年～

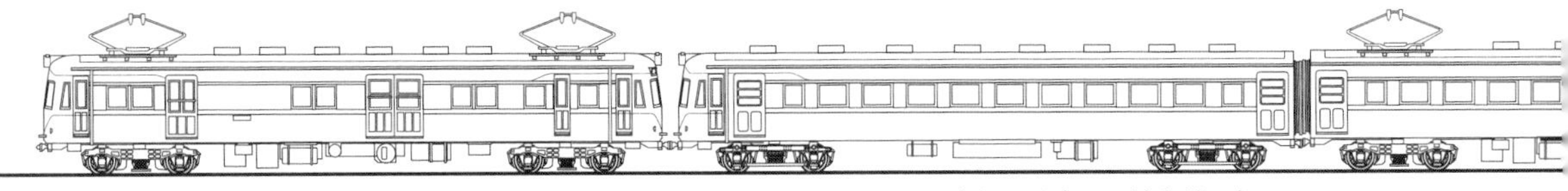

1：クモユニ81（東チタ）荷物郵便電動車　2：クハ86（東チタ）三等制御車　3：モハ80

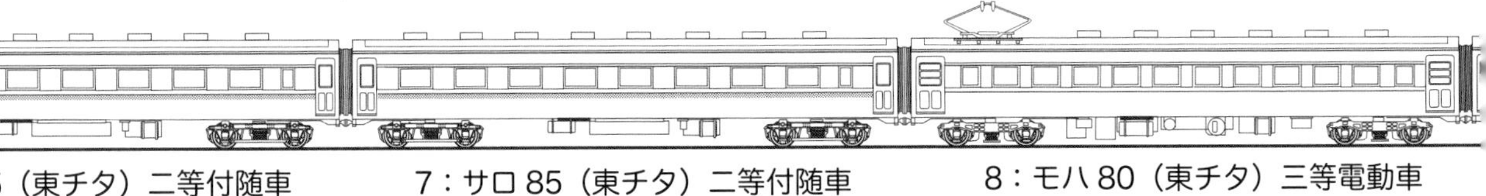

85（東チタ）二等付随車　7：サロ85（東チタ）二等付随車　8：モハ80（東チタ）三等電動車

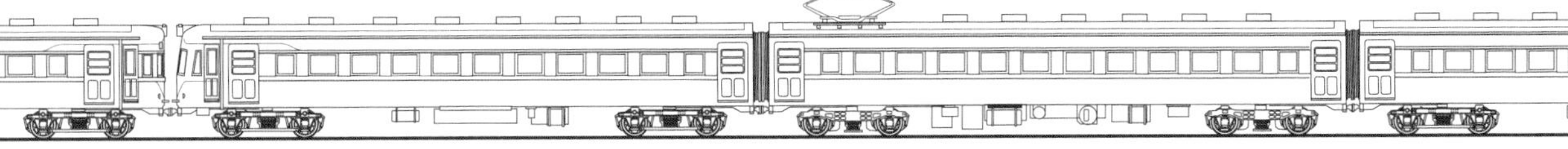

車（初期型）　12：クハ86（東チタ）三等制御車　13：モハ80（東チタ）三等電動車　14：サハ8

EF58はまだデッキ付の旧ボディの時代である。

新車体になって「つばめ」「はと」牽引用に淡緑色になった東京機関区のEF58型はEF5838、44、45、49、55、57、59、63、64、66、68の11輌であった。お召列車牽引機EF5861は1953年7月に完成し、東京機関区に配属。それまでのお召機EF5316、18と交代した。

その後も、ブルートレイン牽引機のEF58、EF60 500番代、EF65 500番代など、特別塗色で配属されていた。

田町電車区は1950年、画期的な初の長距離用電車、80系「湘南電車」の登場で、大きな注目が集まっていた。

第一陣、73輌が田町電車区に新製配置されたのだ。ごく初期のクハ86001～020は正面三枚窓であったが、すぐにお馴染みの二枚窓、最初の2輌（クハ86021、022）を除いては、くっきり鼻筋の通ったいわゆる「湘南型」の顔付きとなり、オレンジと緑（黄かん色、緑2号）の塗色と相俟って、それまでのチョコレート色とは打って変わって華やかな印象を与えた。

クモユニ81を連結した堂々の16輌編成はクハ86＋モハ80＋サハ87＋モハ80＋サロ85＋サロ85＋モハ80＋サハ87＋モハ80＋クハ86＋クハ86＋モハ80＋サハ87＋モハ80＋クハ86というもので、「世界最長の編成」などと謳われたりしたものだ。その80系電車も、153系や111系が揃ってくる1960年代前半で大船や静岡電車区に移動した。

田町電車区のそもそもは横須賀線の電車であったことは前に記した。それは1930年に32系電車が登場したところからはじまる。

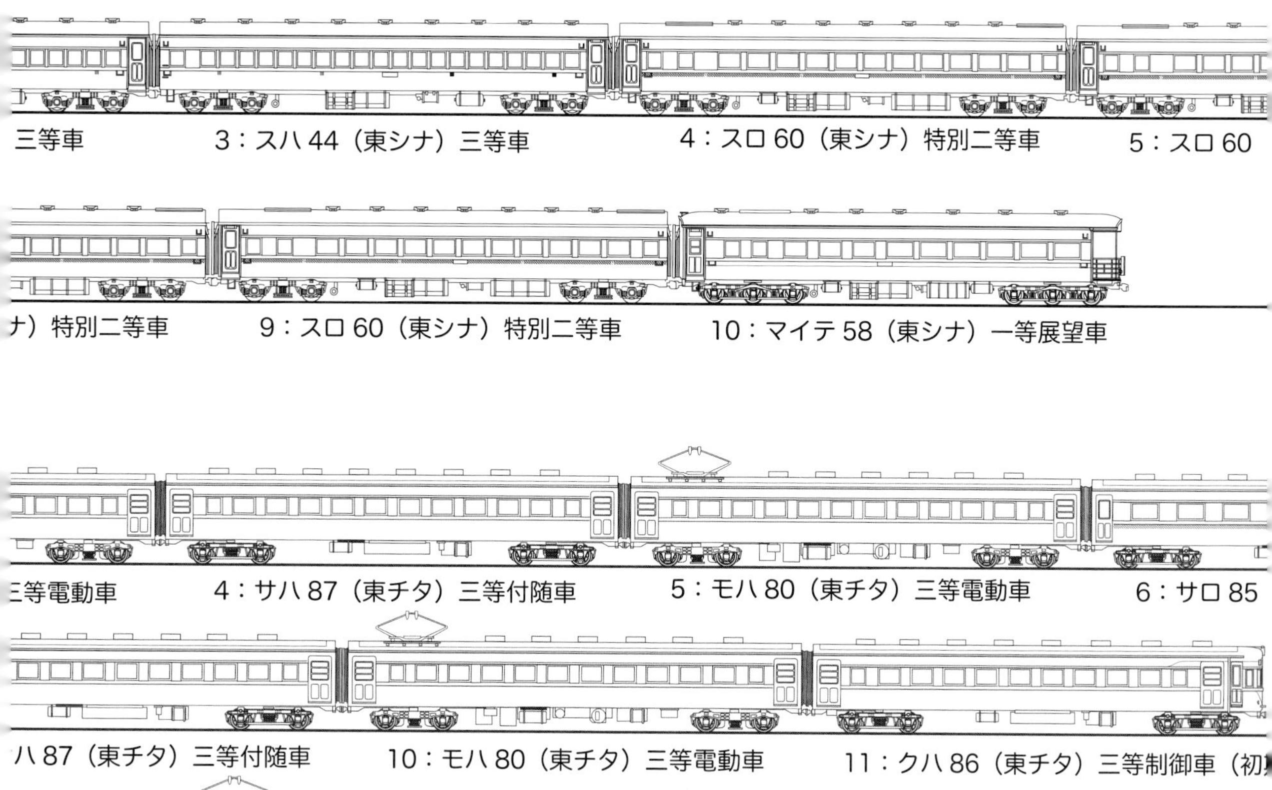

重量の関係で17m級のモハ32型（運転台付電動車、のちのクモハ14型）を中心に、20m級のサロ45、サロハ46、クハ47、サハ48、それに貴賓車クロ49を加えた111輌という大世帯となった横須賀線電車は、近郊型電車の基礎をつくった。先の「湘南電車」の人気を受けて、1951年には70系電車がつくられる。横須賀線ということで「スカ色」と愛称されるクリームと青(クリーム2号、青2号。のちクリーム1号、青15号）という塗り分けの3ドア車が155輌も投入され、田町電車区の中核を成していた。それが揃うまで、旧型のクモハ43型やサロ45型などが使われていたのが面白かった。

品川機関区には「B6」こと2120型蒸気機関車などが配属されていて、品川客車区の入換えのほか、芝浦貨物線、汐留から分かれていた築地に至る東京市場専用線などで活躍していた。ディーゼル機関車が導入されたのは1958年からで、DD13型の大量投入で、翌年には無煙化が完成している。

山手線の電車もチョコレート色の72系電車だったところに、1961年から101系、さらに1963年に「ウグイス色」の103系電車が新製され、品川電車区の受持ちになっていた。

● 客車から特急電車へ

いま101系、103系電車と書いたが、それは1959年に型式称号の改正が行なわれて三桁の型式になって以降の型式で、101系はモハ90系として1957年にデビュウした。スタイリング、メカニズム、ボディカラーのすべてが新しいもので、それをベースに各用途モデル・レイ

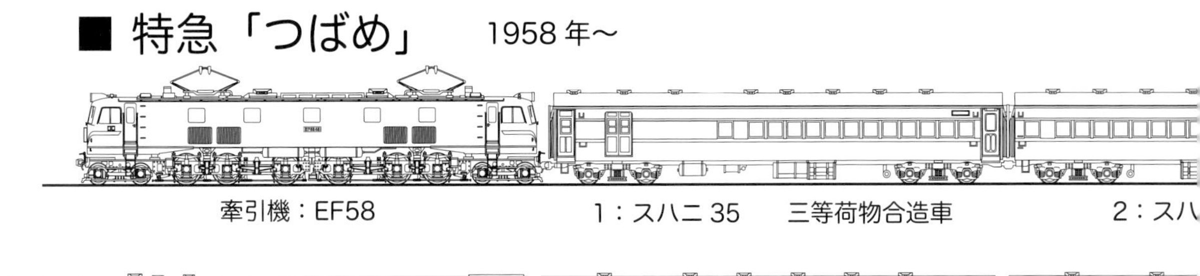

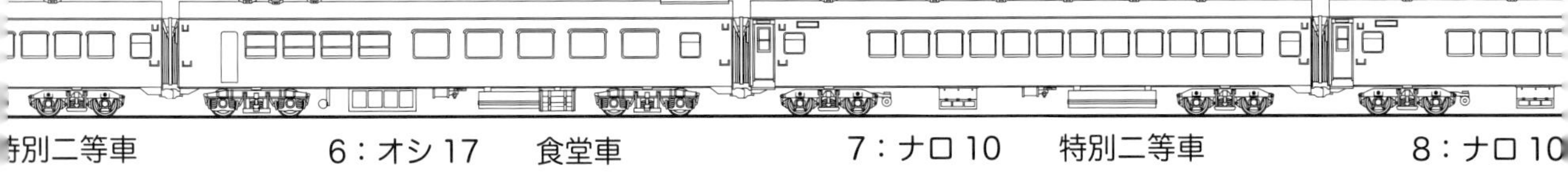

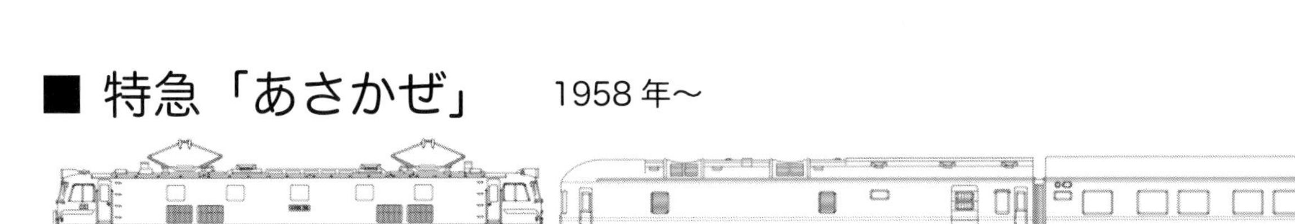

ンジを広げていく。近郊形の111系、その交直両用版401系、421系、急行形の153系のだが、そして特急用の151系。それぞれ。70系、80系が進化したもの、特急用は新たに開発されたものだ。

1960年代半ば、つまりわれわれが胸躍らせながら「聖地」を訪問した時期、横須賀線用の近郊形は大船電車区に移動し、田町電車区には長距離用電車が集結していた。

1958年に登場してきたわが国初の電車特急は、6時間30分で東京～大阪間を走り、その俊足振りから1960年6月のダイヤ改正で、「つばめ」も電車化された。従来の展望車に代わる存在として「パーラーカー」クロ151も加わり、客車の時代から電車の時代へと大きくシフトしたのだった。

しかし栄枯盛衰は世の習わしというか、1964年10月にまったく新しい世界の幕が開く。そう、新幹線の開通である。それまで営々と築かれていた国鉄線路とはまったく規格の異なる新幹線は、鉄道の基準を変えてしまった。東海道線の特急列車の多くは新幹線の接続特急、新大阪～博多間を中心に運転されることになり、120輌が大阪、向日町運転所に移転した。

その前に、特急「とき」用につくられた161系とともども151系電車は出力アップの上、181系に改造。これで山陽本線にあった勾配区間も問題なく通過できるようになった。田町電車区に残った30輌は181系として「とき」の増発、さらに1966年10月から上野～長野間の「あさま」、同年12月から新宿～松本間の「あずさ」が181系で運転されることになり、一部向日町運転所から転入車もあった。

しかし、1969年7月には126輌在籍していた181系を新潟運転所、長野運転所にそれぞれ94輌、32輌転属させ、181系は田町電車区から姿を消した。こうして、旧き佳き1960年代が過ぎていくのだった。

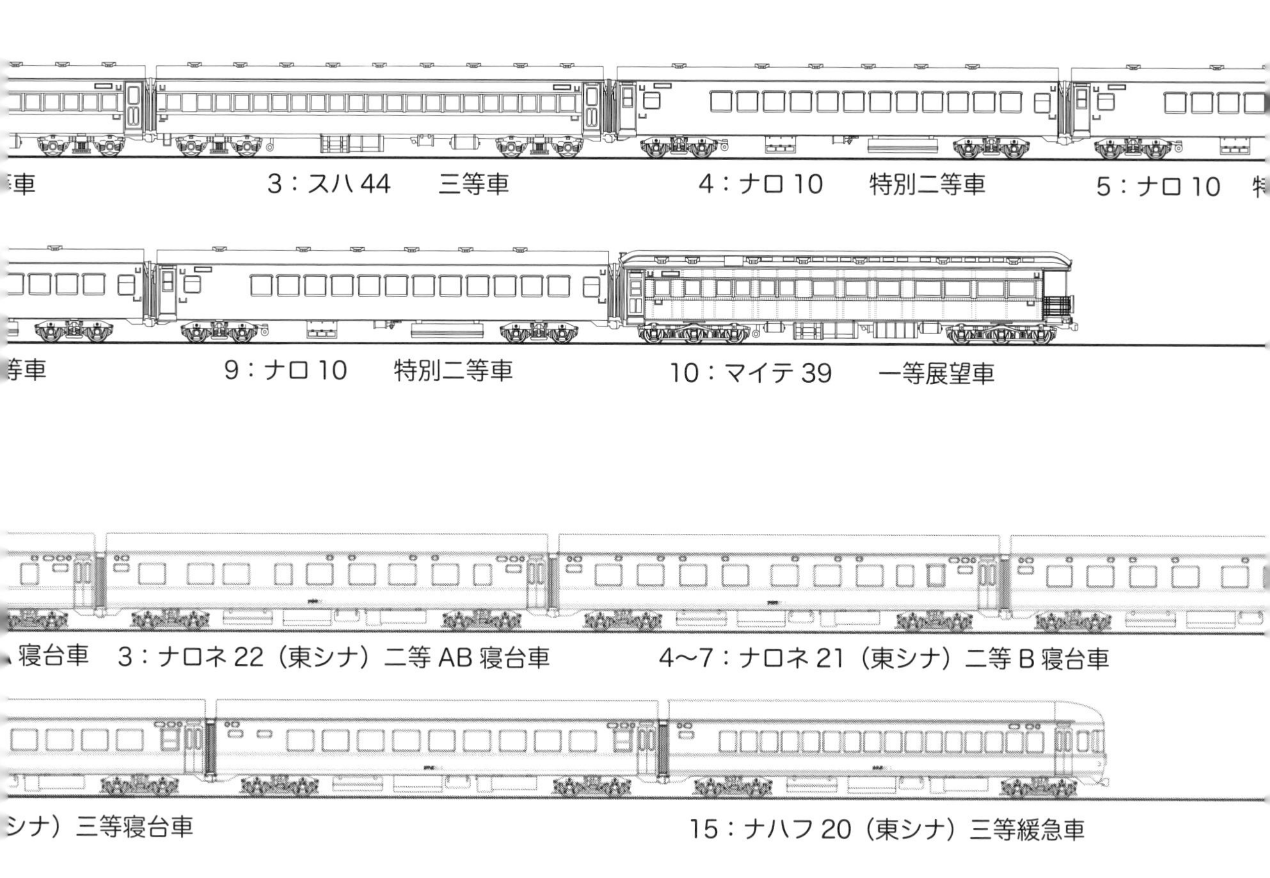

50年前の「聖地」を訪ねる

それは指折り数えたら50年、いや60年近く前のことになる。まだホンの鉄道好き少年だったわれわれは、連れ立って「汽車見」の冒険旅行に出掛けた。といっても、少年のこと、泊まりがけで出掛けることなど適うはずもなく、興味のある車輛を駅や線路端に見に行く、がせいぜいであった。

だんだん知識を身につけていくうち、品川には客車がたくさんいる、田町には特急電車が集結する電車区がある、ブルートレイン牽引機関車などがいる東京機関区もそこに隣接して、そこはわが国一大鉄道車輛基地を形成していることが解った。

そうとなれば、ぜひとも訪ねてみたい。カメラ片手に同じ鉄道好き仲間で勇躍、品川駅に降り立ったのであった。どうやってそこにいけたのかいまとなっては思い出せないのだが、当時の国鉄は考えられないほどファンに対して寛容であった。

まず向かったのは客車群のなかであった。いまでは客車というもの自体が一般には見られなくなってしまったが、まだ機関車の牽く客車列車というのがメインであった。客車を編成することでフレキシブルに運用できること、まだ非電化区間も多く対応する機関車も区間区間で自由に選べることなどが、客車列車の大きな利点であった。歴史的にも、機関車と客貨車という形で発展してきたこともあり、その名残りが色濃く残る佳き時代であったのだ。

したがって、客車は用途に応じてヴァラエティに富み、興味の対象としても大きな存在。だから見たいものは山ほどあれど、まず真っ先にどんな客車がいるのか、客車のヤードの方に向かっ

たのだった。というより、向こうに見えた客車の元に思わず駆け足になっていた、といったような案配だったのである。

そのまま東京駅に回送されていって、列車として仕立てられていたものもあるし、予備なのか食堂車と荷物車と寝台車がアトランダムに連結されていたりした。いやあ、すごい。雑誌などで見てぜひカメラに収めたかった憧れの型式、見たこともなかったようなめずらしい車輌、そこにいるすべてを記録しておきたいような気持だったのだが、なにしろ相手は膨大な数だ。ひとつひとつをじっくり観察する余裕もなく、走り回っていたような気がする。もちろん、フィルムもせいぜい数本。撮るカット数も限られてのことだから、一度ですべてを知り得ることなど、到底無理なことであった。それでも、胸躍らせ半ば夢ここちで歩き回ったのを覚えている。

客車ヤードのすぐ脇の線路を EF58 の牽く小荷物専用列車がやってきた。目敏く編成に組み込まれている異端車、貨車改造のナニ 2502 を見付けて、カメラを向ける。そうしていると反対側には貨物列車。あらゆる車輌が登場してくる、目が回るような時間が過ぎていった。

客車ヤードの奥は機関区であった。特別明確な境があるわけでもなく、歩いていったら自然と機関区になっていた、というようなものだ。電気機関車が並んでいるのだが、一番目立つのはブルートレイン牽引用にヘッドマークを付けた EF60。本来貨物用機関車が特急牽引用に小改造を受けて「500」番代になっているもの。その向こうはお馴染み EF58 だ。お召牽引機 EF5861 もいる。ついこの前東京駅で見掛けた EF53 は休車になってしまったのか、奥の別線に置かれていた。

しかし、相対的にいうと電気機関車は駅などでそれなりにお目に掛かる機会があったからか、新しい発見といったような興奮はなかった。い

上は 153 系、155 系などが並ぶ田町電車区。右側に山手線、京浜東北線の線路、左側にはクモヤ 93 形など、珍しい電車が見える。左上の品川客車区では、カニ 21 型ブルートレインとマヤ 38 型動力試験車が連結されていたりする。その下、開業前の新幹線車輌が到着していた。

や、その分客車での興奮があまりに大きかった、ということだろうか。

華やかな彩りに満ちていたのは、いうまでもない田町電車区だ。予想しているのとちがっていたのは、151 系が少なかったこと。その分、思いがけない面白いものに出遇った。それは 161 系のスタイルをしたクハ 151。ちょうどパワーアップ改造の時期だったのか、はたまた新幹線開業に伴う移動の前触れだったのか、のちに調べて解ったことは別項に詳しい。

それにしても、当時の「花形スター」が揃っている。なかでも 157 系は輌数も少なく、そのすべてが田町電車区の配属だったから、まさしく「東チタ」の専属スターであったわけだ。157 系にはお召し用のクロ 157 があり、その出発準備風景を、たしか「友の会」の見学会かなにかで行った憶えがある。

いずれにせよ、なかなかお目に掛かる機会のない 157 系はじっくり観察したくなる存在だ。

新系列の電車を構内で移動させる牽引車代わりに使われているのは、クモヤ 22 型ばかりでなく、クモエ 21 型救援車だったりした。

お馴染みの顔ではあるが、153 系と 155 系が並んでいたりすると、その微妙なフォルムのちがいが解って面白い。あっ、向こうに見えるのはクモヤ 93 ではないか。一型式 1 輌、お目に掛かる機会が少ないといえば、これほどの車輌もあるまい。そうそう、車庫のなかでは動力試験車のクヤ 99 型もいた。

「聖地」には、実はこれだけではなくもっと多くの車輌が見られた。客車など入換えに従事しているのは DD13 型ディーゼル機関車が数多く

クモヤ22型が165系電車を入換えていたり、ときには配給電車がやってくるなど、田町電車区は興味深いことばかり。クモル24＋クル29。右上は無蓋貨車、トキ10型を改造した配給電車。これも品川電車区の所属だ。

行き来していた。これは、品川機関区があって、そこに配属されていたもので、1967年の機関車配置表によると実に62輌にも及ぶ。品川客車区での入換えのほか、たとえばかつての築地市場への引き込み線など付近の専用線にも出向くようになっていた。

一度など、蒸気機関車にも遭遇して驚いた。それは横浜機関区から借り入れられていた「ハチロク」8620型で、DD13型が検査かなにかで不足していたのだろうか。それにしても1960年代初頭には「無煙化」が完了していたという品川機関区だから、蒸機はめずらしいにちがいなかった。

もうひとつ、山手線などを挟んだ反対側には品川電車区もあった。そこは山手線などの101系、103系がほとんどだったが、荷物用のクモニ13型、配給車クモル23、24型、クル29型なども含まれていた。そうだ、かつて六郷川橋りょうで写真を撮っていたとき、はなから貨車改造だと知れるクル9210型に遭遇して目を見張ったが、それも品川電車区所属であった。残念ながら品川ではお目に掛かることなく、1960年代前半には廃車になっていた。

思い返してみると、なん回かこの「聖地」を訪れていたことになるが、いつもヘトヘトになって帰ってきたような記憶がある。見たかった車輌、憧れの車輌を目の前で観察して、それこそ満腹以上になっていたにちがいない。しかし、その聖地訪問も1960年代まで、であった。

聖地を記憶に残しておきたい

1970年代に入ると、通過することはあってもなかなか「聖地」に足を踏み入れることはなかった。それは、ひとつには施設への立入りが難しくなってきたことも理由だったが、それ以上にわれわれの興味が憧れの特急電車やブルートレインから、消えゆこうとしていた蒸気機関車、小私鉄、地方ローカル線などに向いていったからだ。

新幹線が開業して、特急電車が新幹線に接続する役へと変化していったことに象徴されるが如く、鉄道に大きな変化が訪れていたのだ。

われわれは、その変化を記録することに一所懸命で、「聖地」のことまで手が回らなかった、といってもいいかもしれない。あとにも先にも、あんな時間はなかった。とにかく時が停まってくれないことがこんなに恨めしいことだと、思い知らされた時期でもあった。

ウソのように思われるかもしれないが、本当に「聖地」のことを思い出したのは図らずも「高輪ゲートウェイ」などという新駅開業のニューズからであった。だんだん車輌基地も整理されて、品川、田町といった一等地はより有効に使

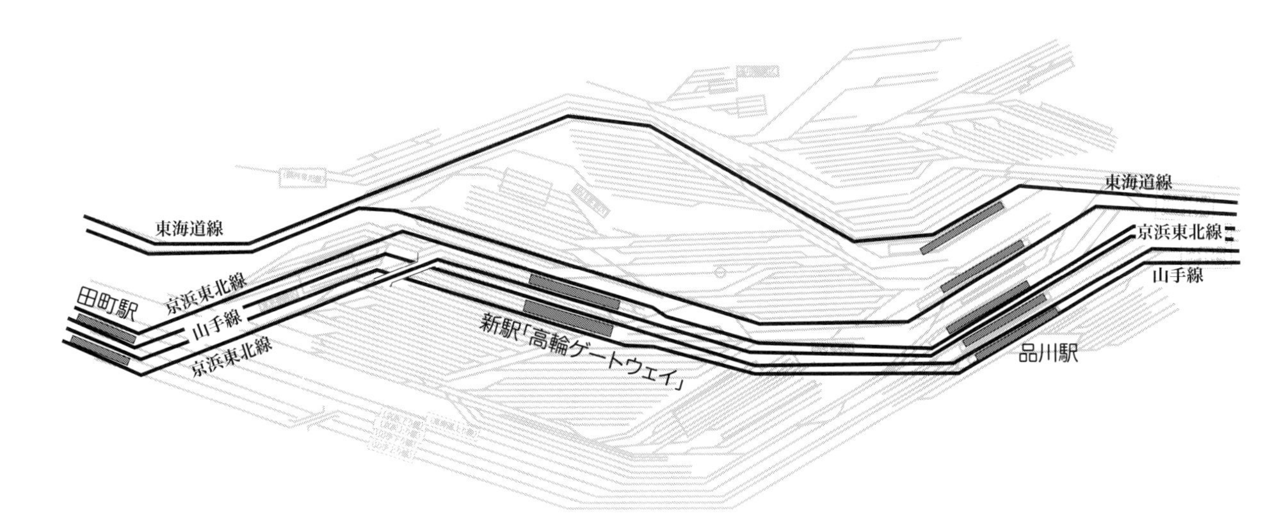

かつての線路図に重ねてみると、新駅の位置関係がよく解る。品川駅を出て間もなく、山手線と京浜東北線の線路は新線に付替えられている。品川駅から新駅一帯は「グローバルゲートウェイ品川」として総合的に開発される。

うことが考えられたのは、まあ、時の流れからして当然といえば当然かもしれなかった。そうだ、新幹線も品川に停まるようになったくらいだ。2003年に新幹線品川駅が開業し、港南口と呼ばれた南側が開発されている。

それにしても鉄道の変貌振りはすごい。客車列車というものがほとんどなくなった。ブルートレインはおろか、夜行列車というものもなくなってしまった。走っている電車にしても、オレンジとグリーンの塗り分けなどという車体はなくなり、ほとんどがアルミ、ステンレスの地肌にシンボルとして懐かしいカラーを残すだけ、というような出立ちに変化してしまっている。まあ、50年前と較べたら、それは大きく変貌していて当たり前、というところか。

そんな現代につくられた新駅。駅名が公募されたものの、なんと130位の「高輪ゲートウェイ」駅にされたところからして、なにやら「オトナの都合」策略の臭いが感じられてどーもすんなり受け容れられない。それはなにも「聖地」の跡地にできたことへの恨み辛みというものでもあるまい。

品川〜田町間、品川から0.9km、田町から1.3kmの地点に島式のプラットフォーム二面4線の新駅がつくられる。駅として使用するのは山手線と京浜東北線で、それぞれ1、2番線、3、4番線になる。そのむかしの田町電車区、のちの田町車輛センター（さらに東京総合車輛センター田町センター）の跡地利用ということから、線路も一部付け替えられ100mほど東方（そう、この区間線路は南北に走っていたのだ）に移動している、という。

以前、田町〜品川間にあった山手線が京浜東北線をアンダークロスする線路は残され、田町駅は1、2番線が東京方面行、3、4番線が新宿、横浜方面行でふたつの路線が共用、つまり乗り換えの便が図られているのは変わりない。といっても、この一帯は地上三階建てのビルにすっぽり覆われてしまう。

つまりは「グローバルゲートウェイ品川」という大プロジェクトの一角を占める、なるほど駅名にもそれが反影されての選択だった、というわけだ。なんだかなあ。

品川客車区、田町電車区のようすがよく解る一枚を、朝日新聞フォトアーカイブのなかで見付けた。1963年、鶴見事故で東海道線が不通になったときの「聖地」。左の図とは上下逆で、海側から空撮したもの。不通とあって151系、153系などが電車区に溜まっている。手前の客車区、ナハネの列や、優等列車が編成されて待機している。家並の向こう、国道15号線「第一京浜」がまだ閑散としている。
提供：朝日新聞社

東シナ

品川客車区

東京鉄道管理局　　品川客車区　　661 輌配属　　[1967 年 3 月末]　　(　) 内は輌数

20 系客車　ナロネ 20(3)　ナロネ 21(22)　ナロネ 22(8)　ナハネ 20(98)　ナハネフ 21(6)
ナハネフ 22 (12)　ナハネフ 23 (7)　ナロ 20 (9)　ナシ 20 (14)　カニ 21 (1)
カニ 22 (5)　計 185 輌

寝台車　オロネ 10 (17)　マロネ 29 (6)　スロネ 30 (5)　マロネフ 29 (2)　マロネフ 38 (2)
ナハネ 11 (7)　オハネ 17 (43)　スハネ 30 (28)
ナハネフ 10 (18)　ナハネフ 11 (16)　スハネフ 30 (3)　計 147 輌

一等車　ナロ 10 (4)　スロ 50 (5)　スロ 54 (7)　スロ 60 (9)　オロ 61 (4)
スロフ 51 (4)　スロフ 53 (11)　オロフ 61 (5)　計 49 輌

二等車　ナハ 11 (8)　スハ 32 (27)　スハ 33 (3)　オハ 35 (9)　スハ 43 (67)　オハ 46 (19)
オハ 47 (3)　ナハフ 10 (3)　ナハフ 11 (8)　オハフ 33 (6)　スハフ 42 (42)
スハフ 43 (4)　オハフ 45 (5)　計 204 輌

二等荷物合造車　スハニ 35 (3)　計 3 輌

食堂車　オシ 16 (3)　オシ 17 (8)　マシ 38 (1)　計 12 輌

郵便車　オユ 11 (9)　オユ 12 (8)　マユ 35 (1)　郵便車荷物車計 42 輌

荷物車　マニ 31 (2)　マニ 32 (11)　マニ 34 (4)　マニ 35 (4)　マニ 36 (2)　カニ 38 (1)

職用車等　オヤ 31　マヤ 34　オヤ 36　マヤ 38　スヤ 71　コヤ 90　各 1 輌計 6 輌

救援車　スエ 30　スエ 31　スエ 71　各 1 輌　計 3 輌

ブルートレインのこと

1958年9月に最初の一群が落成、10月1日から運転開始された青15号という　クリーム1号の帯も鮮やかな「固定編成客車」ブルートレイン。客車というものが自由に編成を変えられるのが、ひとつの大きな長所だったのに、それを放棄して固定編成にするとは…　先輩世代にはずいぶん奇異なことに映ったようだ。

だが、固定編成にすることで、いろいろなコントロールを集中してできる大きなメリットがあった。つまり、編成の大阪寄り先頭に電源車を連結、ディーゼル・エンジンによる発電で、編成全体の電灯、冷暖房、温水、冷却水、食堂車の電子レンジ、冷蔵庫までを賄うことができた。おかげで、固定窓になり、それまでの「客車旅」——　窓を開け放って車窓を楽しんだり、駅弁を買ったりといった旅情を失うことになり、先述の先輩など大いに嘆いていたものだ。

「動くホテル」の形容とともにブルートレインの人気は爆発的で、九州各地を結ぶ寝台特急が、ダイヤ改正のたびに増えていった。「あさかぜ」（1958年10月〜）につづいて、長崎行「さくら」（1959年7月〜）、西鹿児島行「はやぶさ」（1960年7月〜）、熊本行（当初は大分行を併結）「みずほ」（1963年6月〜）、大分行「富士」（1964年10月〜）の5本の九州特急が次々に東海道、山陽路の深夜を駆け抜ける。まさしくひとつの全盛期というものであった。

編成はそれぞれで微妙に異なり、併結運転をするものには途中で切り離せるよう配慮されたほか、分割後も電源の必要から、旧型客車改造のマヤ20型などもつくられた。

憧れはあったものの、先輩の教えも加わってか、意外なほど20系客車は撮っていないことに気付いた。思い返してみれば、新車よりも消えゆく旧型客車の方に大きな興味を持っていた、ということにほかならない。わずかに、すぐに寝台車に改造されてしまった座席車の写真があったりして、アマノジャクのほどが伺える。

ブルートレインは基本的に固定編成ではあったが、品川客車区では、1輌だけ切離され留置されていたりした。上は食堂車ナシ 2033。左はナシ 20 型の室内。発車前のひと時。下はナハフ 2152 で、初期の「さくら」では、付属編成切り離し後の博多〜長崎間の最後尾になった。ナハフ 20 4 はナハフ 21 型同様、ブルートレインでは少数派の座席車。のちに寝台車に改造された。

ブルートレインの「ロネ」には3型式があったが、上はナロネ2253。個室寝台とプルマン式の合造、つまり「ABロネ」と呼ばれたもの。中はナロネ21102で、全室プルマン式の「Bロネ」。下は荷物室付電源車、カニ2152。編成の電気のすべてを室内に搭載したディーゼル発電機で賄った。

ブルートレイン編成（1964～65年）

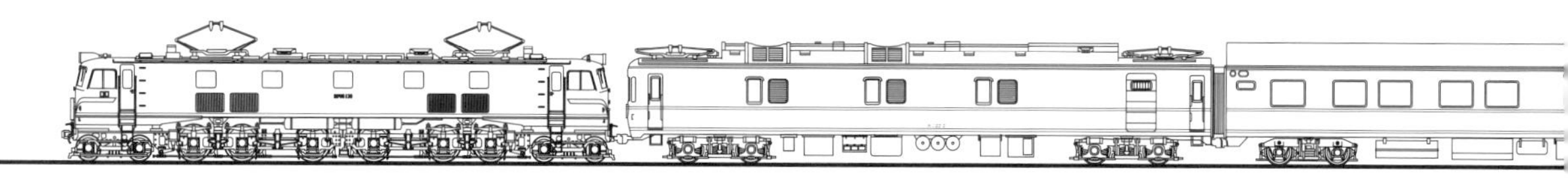

■ あさかぜ　カニ22+ナロネ20+ナロネ22+ナロネ21+ナロネ21+ナロネ21+ナロネ21+ナロ20+
（1960年7月にマニ20をカニ21に、1964年10月からカニ22に）

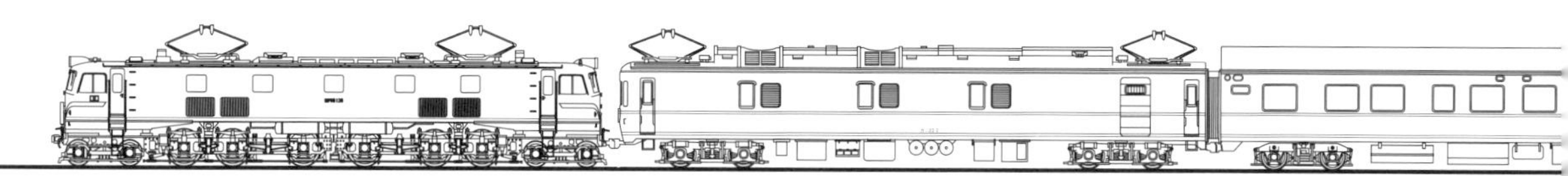

■ さくら　カニ22+ナロネ22+ナロ20+ナシ20+ナハネ20+ナハネ20+ナハネ20+ナハネフ21+

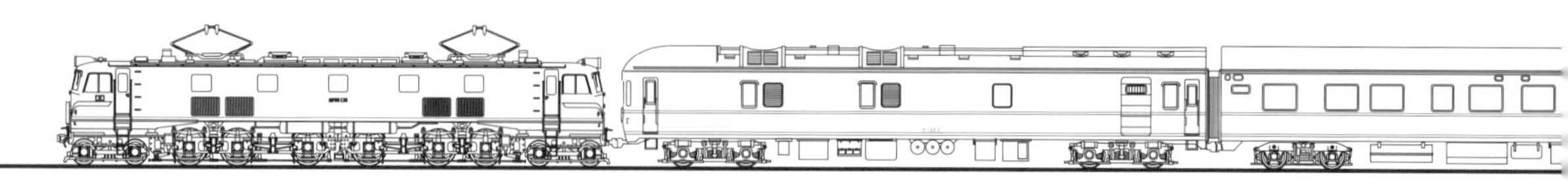

■ はやぶさ　カニ21+ナロネ22+ナロ20+ナシ20+ナハネ20+ナハネ20+ナハネ20+ナハネフ21+

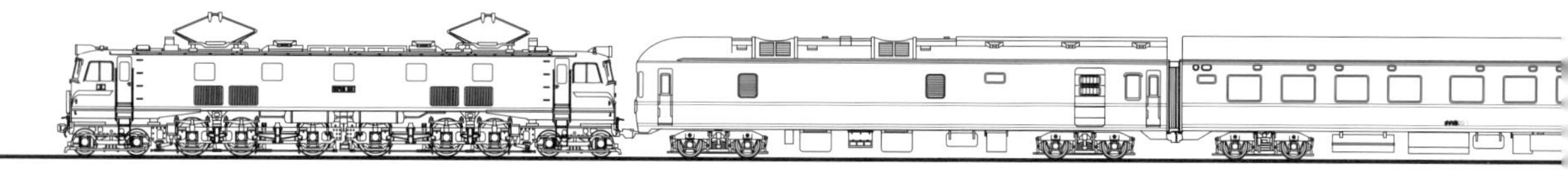

■ 富　士　マニ20+ナロネ21+ナシ20+ナハネ20+ナハネ20+ナハネ20+ナハネ20+ナハネフ23

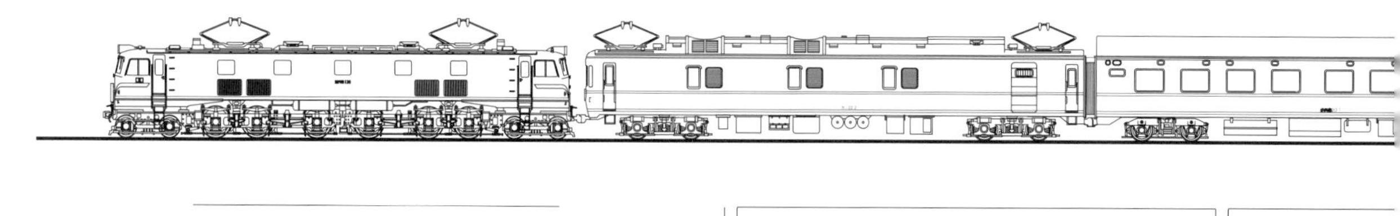

■ みずほ　カニ22+ナロネ21+ナシ20+ナハネ20+ナハネ20+ナハネ20+ナハネ20+ナハフ21+
（下段は付属編成）

ナシ20+ナハネ20+ナハネ20+ナハネ20+ナハネ20+ナハネ20+ナハフ20

ナハネ20+ナハネ20+ナハネ20+ナハネ20+ナハネ20+ナハネ20+ナハネフ22

ナハネ20+ナハネ20+ナハネ20+ナハネ20+ナハネ20+ナハネ20+ナハネフ22

+ナロネ21+ナハネ20+ナハネ20+ナハネ20+ナハネ20+ナハネ20+ナハネフ20

ナロネ21+ナハネ20+ナハネ20+ナハネ20+ナハネ20+ナハネ20+ナハフ20

客車、その進化の過程

木造客車の一例、試験車のオヤ19820とそのデッキ部。最後まで品川客車区にいた。昭和初期以前は客車は木造車体が普通だった。右は最初の鋼製客車、オハ31系のひとつ、二等車格下げのオハ27 9。全長17m級だ。

「ブルートレイン」は客車の究極の完成形、ともいうものだった。のちにいろいろ勉強していくと解ってくるのだが、昭和に入るまでは客車はみな木造が当たり前であった。台枠、台車のみが鋼製で、それに木造の車体が架装されていた。そうした客車の移り変わりの様子も、品川客車区で知ることができた。実物を見ることが、一番の勉強の場にもなったのだ。

われわれは辛うじて、木造客車の末路に出遇えた。それは機関庫の片隅で救援車、配給車といった「事業用客車」として残っていたものだった。本来の姿から改造されてはいるが、「明治の客車」の面影は充分に残されていた。1964年に廃車になって回送中の木造の検測車、オヤ19820に遭遇した。明治の優等寝台車を改造し

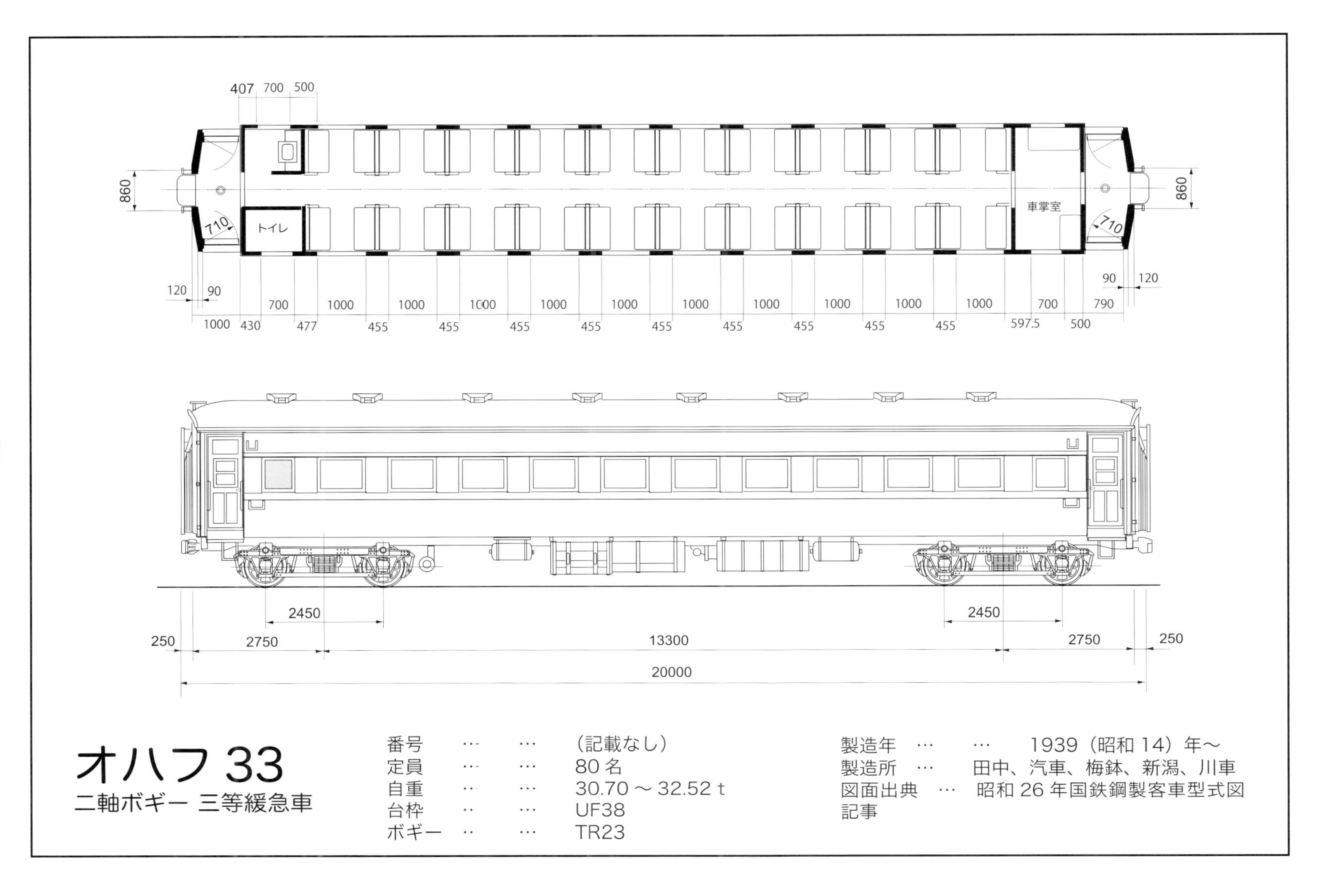

オハフ33

二軸ボギー 三等緩急車

番号 … … （記載なし）
定員 … … 80名
自重 … … 30.70～32.52 t
台枠 … … UF38
ボギー … … TR23

製造年 … … 1939（昭和14）年～
製造所 … 田中、汽車、梅鉢、新潟、川車
図面出典 … 昭和26年国鉄鋼製客車型式図
記事

客車の発達を示す、左上：二重屋根のスハ37 2、右上：丸屋根狭窓のオロ35 1、左下：折妻広窓のオハ351200、切妻軽量客車のナハ1153の順に進化した。

たというそれは、品川客車区から送られてきたものだった。木造の車体の片隅に「東シナ」の文字を見付けたとき、「聖地」がいっそう大きな、それこそ無尽蔵の宝庫のように思えたものだ。

もちろん、鉄道開業時の「マッチ箱」と呼ばれた二軸古典客車は、博物館に行ってみるしかなかったけれど、昭和以降の客車の変遷は品川客車区でも観察することができた。なぜそこにいたのか解らなかったのだけれど、オハ27 8はオハ31系のもとオロ31 8を格下げした客車。1927年製の17m級、それまでの木造客車に変わって登場してきた最初の鋼製客車の一輌であった。魚腹台枠という中央部が太くなった台枠、リヴェットだらけの車体、そしてダブルルーフ（二重屋根）が特徴である。

最初は重量や製造技術などの理由で17m級とされたが、すぐにそれは20m級スハ32系に発展し、さらに1931年につくられたスハネ30型（当初は30000型）をきっかけにいわゆる「丸屋根」が採用され、以後すべての客車に広がった。つづく客車の変貌は1938年にオハ35系から現われる。それまで800mmほどの窓が並んでいたものが、1000mmに拡大され、明るい雰囲気になった。以前のものを「狭窓」、以後のものを「広窓」と区別する。優等車の一部には1200mm幅の窓まで採用されていた。

それは、戦後になって切妻という端面を切り落としたようなスクウェアなものになり、さらに1955年からはまったく新しい構造のものに変化する。それは「軽量客車」と呼ばれるもので、クルマでいうモノコック構造を採り入れ、プレス鋼板を多用することで、全金属製、軽量構造を実現したもの。ナハ10系以降で、ブルートレイン、また新型電車なども似た構造が採用された。優等車を中心に、一部客車は車体裾を絞ることで最大幅を100mm拡大して2900mmとしたのも特徴だ。もちろん室内スペースの拡大に充てられている。

しかし、これ以降は動力分散、つまり機関車が牽く客車列車から電車、ディーゼルカーへと大きくシフトすることで、客車というもの自体がスタンスを変えていく。電車と似た構造の12系以降の客車が登場するのは1969年から、である。

と、ここまでの客車変遷のサンプルが、すべて品川客車区で見聞できた、というのはいま思い返してみて、すごいことだったと実感する。「聖地」として、忘れられない存在になっている、ということもご理解いただけよう。

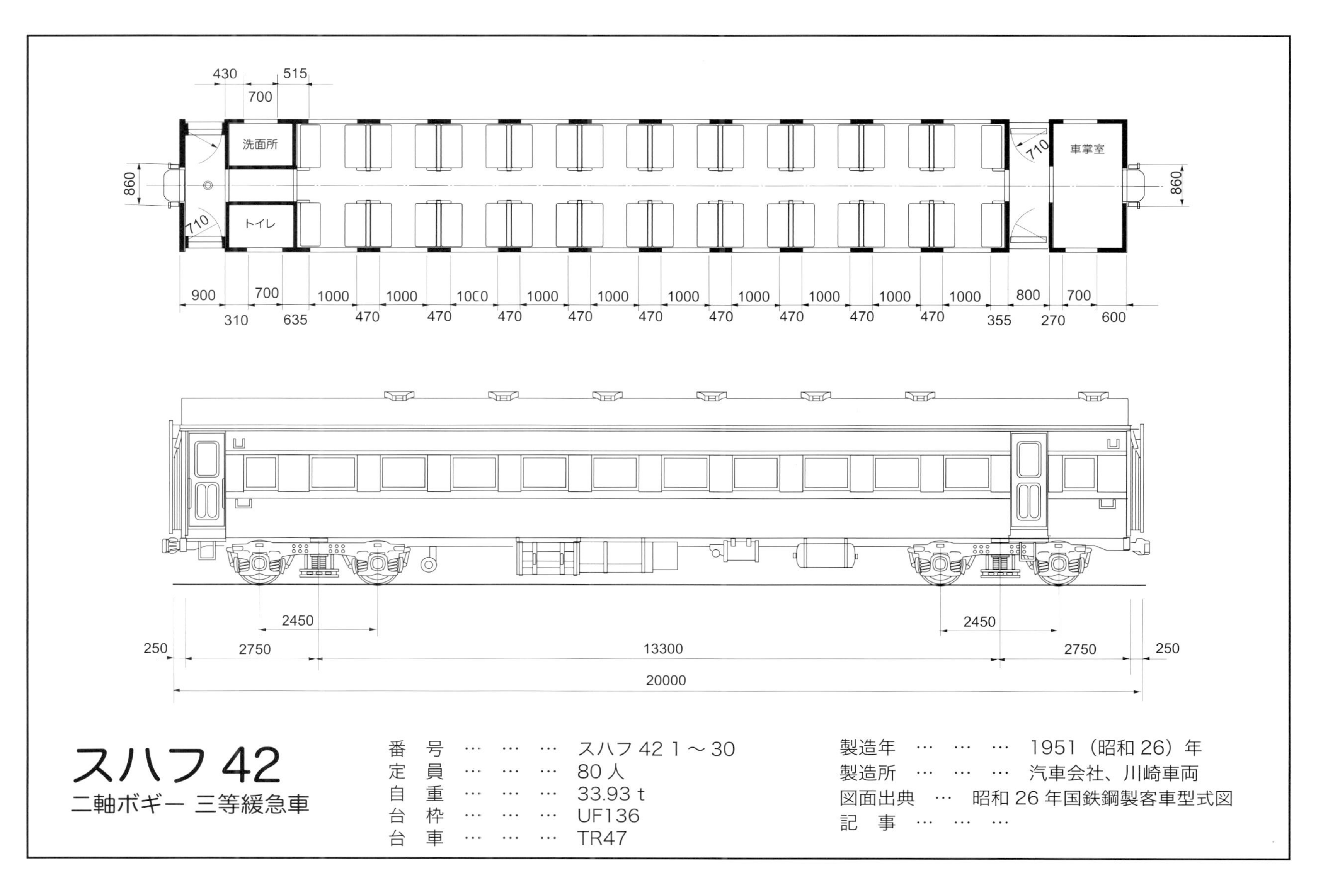

スハフ42

二軸ボギー 三等緩急車

番　号 … … … スハフ42 1～30
定　員 … … … 80人
自　重 … … … 33.93 t
台　枠 … … … UF136
台　車 … … … TR47

製造年 … … … 1951（昭和26）年
製造所 … … … 汽車会社、川崎車両
図面出典 … 昭和26年国鉄鋼製客車型式図
記　事 … … …

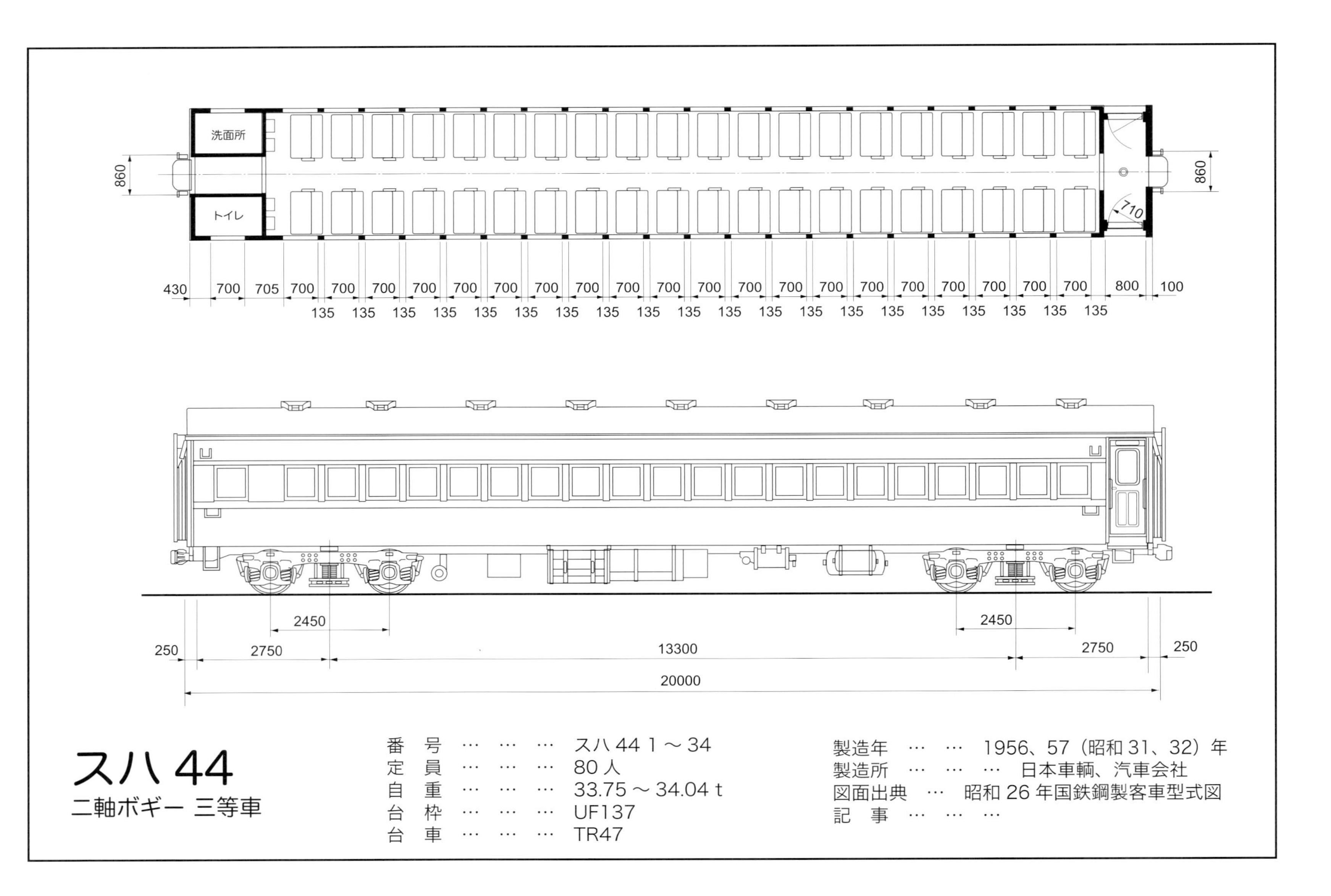
洗面所
トイレ
860
710
430 700 705 700 700 700 700 700 700 700 700 700 700 700 700 700 700 700 700 700 700 700 700 800 100
135 135 135 135 135 135 135 135 135 135 135 135 135 135 135 135 135 135 135 135
2450
2450
250 2750 13300 2750 250
20000
スハ44
二軸ボギー 三等車
番号 … … … スハ44 1～34
定員 … … … 80人
自重 … … … 33.75～34.04 t
台枠 … … … UF137
台車 … … … TR47
製造年 … … 1956、57（昭和31、32）年
製造所 … … … 日本車輌、汽車会社
図面出典 … 昭和26年国鉄鋼製客車型式図
記事 … … …

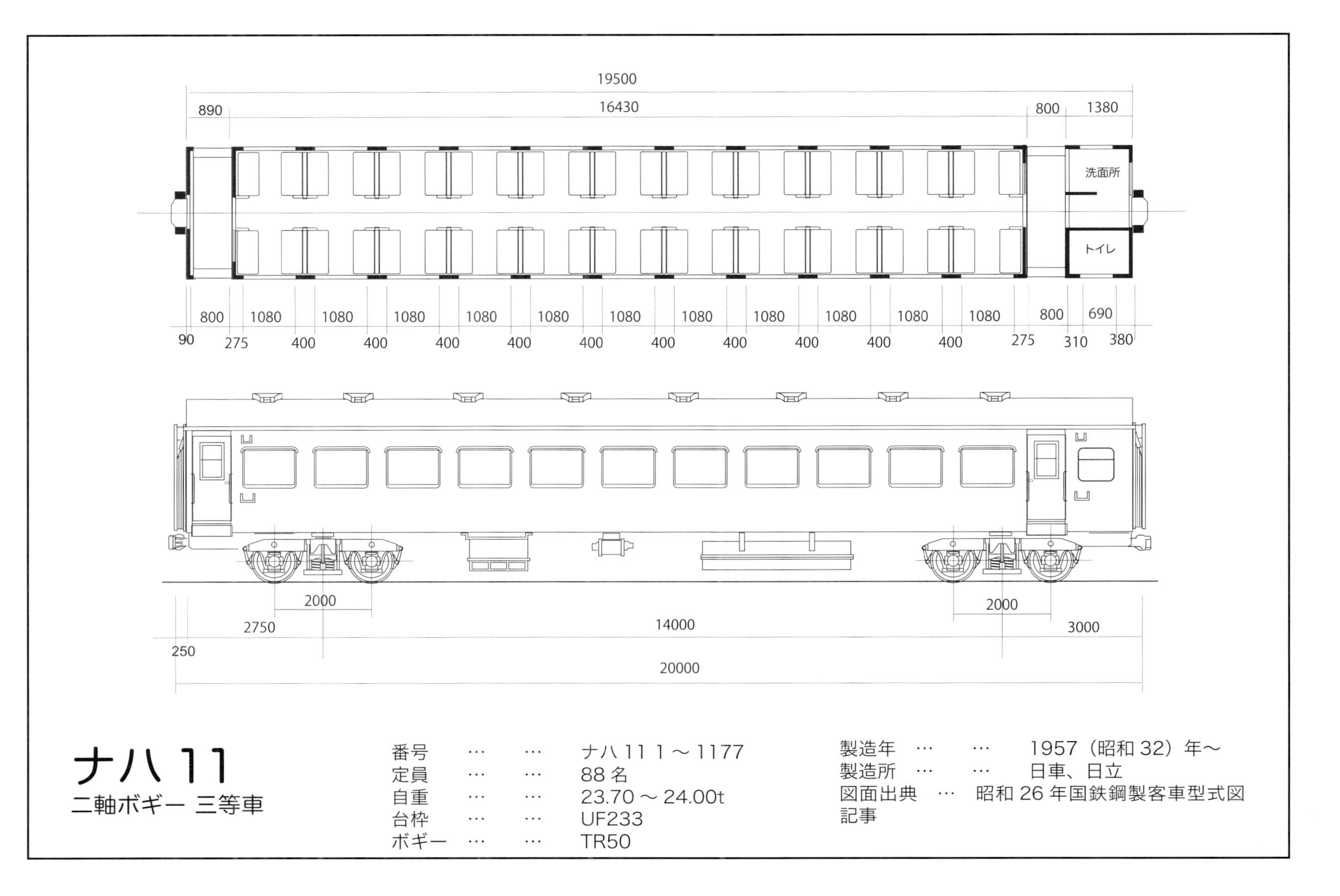

ナハ11

二軸ボギー 三等車

番号 … … ナハ11 1～1177
定員 … … 88名
自重 … … 23.70～24.00t
台枠 … … UF233
ボギー … … TR50

製造年 … … 1957（昭和32）年～
製造所 … … 日車、日立
図面出典 … 昭和26年国鉄鋼製客車型式図
記事

客車のこと、「ロネ」のこと…マロネ40

客車 —— 軽量客車などが登場以降、旧型客車と括られるようになったお馴染みの客車。窓の上下にシル、ヘッダーという帯板があり、もちろん窓は上方に開閉可能。駅に停車中、開け放った窓から身を乗り出すようにして駅弁を買ったり、見送りのひとと別れを惜しんだり、といった情景は、客車列車のひとつの風物詩として懐かしく思い起こされる。

佳き時代の鉄道シーンで、客車は一番身近かな存在であったといってもいい。撮影旅行のはじまりの興奮は、いつも客車のなかにあったような気がする。もちろん、旅のはじまりも余韻の時間も客車のなか。そんな客車の花形、憧れの的は優等客車だ。茶色の三等車がつづく中に1輛だけ連結された優等車、きりりと帯を巻いた二等車、カーテンの閉められた寝台車などは身近かななかにも威厳を放っていた。

ブルートレインをはじめとした新型客車が定着してきた1960年代半ばから、一般客車がいわゆる焦げ茶色の「ブドウ色2号」からブルー塗色（「青15号」と呼ばれ、ブルートレインと同じ）に順次変更されていった。客車における変化について書いておくと、1960年7月には三等級制から二等級制になり、一等車が格下げ、二等車になった。1961年7月から旧二等車を表わす青帯（「青1号」）が淡緑色（「淡緑6号」）に変更されたが、さらに1969年5月には上級車をグリーン車と呼び、基本的にモノクラス化されていく。ついに等級を表わす帯が消滅した。

われわれが訪ねた頃の品川客車区には、茶色い客車が居並んでいたわけだが、なかでも青帯を締めた上級客車が多かったのが印象的だ。いまになって調べ直して面白いことに気付いたのだが、1965年時点よりも、その後、より旧型の客車が増えていたりするのだ。

運良く見掛けた客車は、じっさいの運用からは外れていたようで、臨時列車などの予備として品川に集められていたのかもしれない。

優等客車の最上級のひとつ、「ロネ」というのは憧れるばかりで、なかなか縁の遠い存在であった。当然ながら乗る機会は少ないし、どちらにせよ急行列車などでもせいぜい数輛が連結されているだけだから、いくつかの型式を観察するには、なん本も列車を待ってようやく果たせるといったようなものなのだった。それに、各型式の輛数も少ないものが多く、晩年にはかつての優等車などが格下げされたりして、型式こそ同じでも異なる経歴を辿る楽しみもあった。

当時の「ロネ」には3タイプがあって、それぞれに「Aロネ」「Bロネ」「Cロネ」と呼ばれていた。冷房も完備した個室寝台が「Aロネ」、プルマン式が「Bロネ」、冷房もない開放二段式「Cロネ」と大まかには分けられていたが、例外的な設備の客車や個室と開放室の合造車もあって、いっそう興味が深い。

「ロネ」二等寝台車（紛らわしいのでここでは三等級制で書き進めさせていただく）は装備によって「Aロネ」「Bロネ」「Cロネ」に分けられていた。「Aロネ」というのは個室寝台で、一人個室は3080円もした。「Bロネ」は上下段で1540／1980円、同じく「Cロネ」だと1100／1430円だった。一般に使われていたのは「Aロネ」がブルートレイン以外ではマロネ40、「Bロネ」はいわゆるプルマン式という上下二段の寝台車で、マロネ41、オロネ10などに代表されるもの。「Cロネ」も同じ二段式だが、旧式であることと昼間時はロングシートのような座席、それに冷房もなかった。マロネ29などが使用されていた。

軽量客車の一員としてつくられたオロネ10などは例外的に90輛もの多くがつくられ、いくつもの型式のオールドタイマーを駆逐したのだが、われわれはその最後のホンの瞬間に触れられた気になっている。ダブルルーフ、リヴェットだらけの戦前からの優等客車が、すでに定期列車に連結されていなくとも、客車区の片隅や駅の留置線で辛うじて生き残っていたのだ。

そんな筆頭にマロネ40がある。戦後初の優等客車としてつくられた格調ある客車である。

そもそものマロネ40型は戦後間なしの頃、進駐軍の軍用列車用の優等客車として計画された。当初は個室を備えた一等寝台車、マイネ40型で、いくつもの特徴を持つ車輌であった。その最大は冷房装置を備え、その冷風ダクトを通すために通常よりもひと回り深い金属屋根を採用したこと。のちのブルートレインに匹敵する屋根断面で、折妻と併せ、独特のプロポーションを見せる。

それまで重量のある優等客車は三軸台車が用いられてきたが、マイネ40型はTR23に似たTR34型台車付で落成。しかし、間もなく鋳鋼台車のTR40型に履き替えた。国鉄は世の中が落ち着きを取り戻した1955年7月になると、料金の点などで需要の少なかった一等寝台を二等寝台に格下げすることにし、マロネ40型となる。個室と開放室合造の「ABロネ」である。

ブルートレインになる前の特急「あさかぜ」などにも用いられたが、ずっと東海道筋の急行列車に連結されて活躍した姿が印象に残っている。晩年は、大阪の受持ちになって品川客車区から移動した。

マロネ41 「プルマン式」

マロネ41型は一等寝台車マイネ41型として1950年に12輌がつくられた。初めて寝台設備は全車にわたっていわゆる開放室寝台の「プルマン式」を採用した車輌となった。基本的にはスハ43系で切妻車体、また定員が少ないことから片デッキとなっている。先のマイネ40型では金属屋根が採用され、断面も異なっていたが、このマイネ41型は従来の木製屋根に戻された。二段式の寝台が片側6台、全部で定員24名。車軸駆動の発電機からの電気を利用した冷房装置が取り付けられていた。

1955年には設備等はそのままに二等寝台車、マロネ41に格下げ。オロネ10型が登場したこともあって、1962年から改装工事が行なわれる。それまでTR40A型台車を履いていたが、枕バネ部分を空気バネに改造、TR40D型に。冷房装置用の発電機もディーゼル発電機を搭載し、それに交換した。また6輌が固定窓に改造、それは新たに20番代のナンバーを与えられた。それはマロネ41 1、3、10、11、8、9で、その順にマロネ4121～26となった。

前ページは「Aロネ」マロネ40 6、下は「Bロネ」マロネ4125。両方とも一等寝台車としてつくられた。左がマロネ41の台車、TR40D。空気バネを導入している。

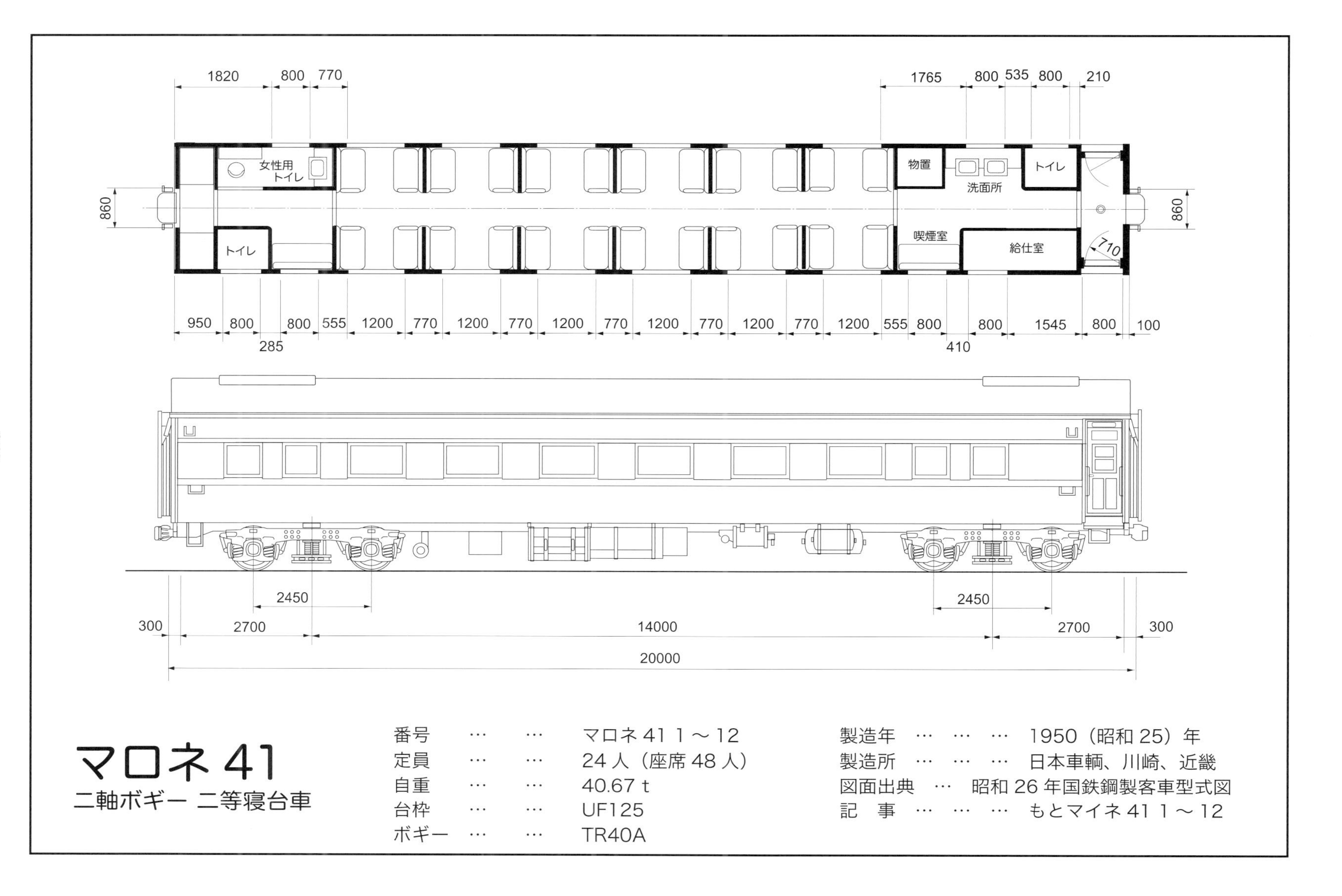
女性用トイレ
トイレ
物置
洗面所
トイレ
喫煙室
給仕室
マロネ41
二軸ボギー 二等寝台車
番号 … … マロネ41 1～12
定員 … … 24人（座席48人）
自重 … … 40.67 t
台枠 … … UF125
ボギー … … TR40A
製造年 … … … 1950（昭和25）年
製造所 … … … 日本車輌、川崎、近畿
図面出典 … 昭和26年国鉄鋼製客車型式図
記　事 … … … もとマイネ41 1～12

スロネ 30　不評のコンパートメント

スロネ 30 型は 1951 年、10 輌がつくられた 4 人用のコンパートメント寝台車。マロネ 41 に似た外観、区分室ではあるが、寝台のサイズ、装備などの点から「C ロネ」となっている。急行「月光」「出雲」などに連結された。

海外では普通に存在しているコンパートメントも、わが国では定着しなかったようで、晩年は新しい軽量客車のオロネ 10 などが登場してくると、スロネ 30 は気心知れた仲間で使う団体列車に使われることが多かった。

それかあらぬか、定期列車に組込まれているシーンよりも、いろいろなところで休んでいる姿に遭遇するチャンスの方が多かった。

4 人用のコンパートメント室 8 室を備えるスロネ 30。枕木方向に上下二段の寝台が据えられる。冷房装置も付かないことから「C ロネ」に分類。切妻のスハ 43 系の 1 輌。

軽量の「ロネ」、オロネ10

オロネ10型は、先の「あさかぜ」用ナロネ21型を範として誕生した、一連の軽量客車のひとつ。「プルマン式」の寝台を備えた「Bロネ」だが、実は軽量客車としてつくられた寝台車は1958年製のナロハネ10型が最初で、それにつづいて1959年から97輛がつくられた。

床下にディーゼル発電装置を備え、冷房が組込まれており、ブルートレインと同じ深い屋根になっているのが特徴。上段寝台のための小さな長円窓を含め、固定式の窓にもちろんノーシル、ノーヘッダーというスタイルは、客車の印象を大きく変えるものだ。リヴェットだらけのマロネと一緒に連結されていたりすると、その見かけの隔差に嬉しくなったりした。台車は空気バネ付のTR60を履く。

軽量客車の「Bロネ」として量産されたオロネ10型は、多くの旧型「ロネ」に取って代わった。プルマン式の二段寝台で、右の写真は昼間の向かい合わせ座席の状態。

「C ロネ」マロネ 29 のこと

1960 年代後半、定期列車に使われている寝台車のなかで、もっともクラシカルなのは、このマロネ 29 だったかもしれない。客車の魅力のひとつは、新しいの旧いのいろいろ混ざってアンバランスな編成であることだ。

下の写真のように、軽量客車のナロ 10 とナハネ 10 の間に挟まった、丸屋根、三軸ボギーのマロネ 29 は、一段とクラシカルで厳かな印象だった。急行「高千穂」に、1 輛だけ組込まれた二等寝台車がマロネ 29 だった。それも、1964 年 10 月からはオロネ 10 に代わってしまったのだけれど。

それより前、1963 年の時刻表には、「阿蘇」「高千穂」「那智」「日向」「天草」などに使われている、と書かれていた。

マロネ 29 型は生まれ、経歴によっていくつかのグループがある。1928 年からつくられたグループは魚腹台枠を持つオハ 31 系の一員、マロネ 48500 型として誕生し、マロネ 37 型を経てマロネ 29 1 ～ 7 となった。

マロネ 2921 ～ 25 となったのは、1930 年～につくられたスハ 32 系。同じダブルルーフだが台枠がちがい、台車も TR71 から TR73 に変わった。同じスハ 32 系に属するが、丸屋根になった 1932 年以降の一群は、マロネ 29101 ～の番号が付けられた。

冷房も付かない「C ロネ」と呼ばれる一番安価な二等寝台で上段 1100 円、下段 1450 円。「B ロネ」1540 円／ 1980 円よりはずいぶん割安に思えるが、同時期の「ハネ」は 600 ～ 800 円だから、やはり二等寝台だけのことはある。

線路と平行に上下二段の寝台。昼間はロングシートになる寸法だ。じっさい利用するチャンスにはめぐまれなかったのだが、品川客車区はじめいろいろなところで遭遇した。

そうだ、品川客車区で室内に入ったら、なかでサボリ中なのか、ナッパ服姿の人が寝ていたりして、幼気な少年はびっくりしたものだ。遠いむかしの話である。

三軸台車を履いた「C ロネ」マロネ 29106。下のように、軽量客車などと連結され、異彩を放っていた。左はその昼間の室内。線路方向の上下二段寝台を持つ。右は、マロネフ 29101 の端面。どことなく威厳漂う表情を持つ。

形式 マロネフ29
自重 40.4t
A
39-7
大船工

上はマロネ29126、中がマロネ29101、下はマロネ29125。晩年は定期列車から外れ、駅の留置線などで遭遇することが少なくなかった。下は品川客車区で撮影。

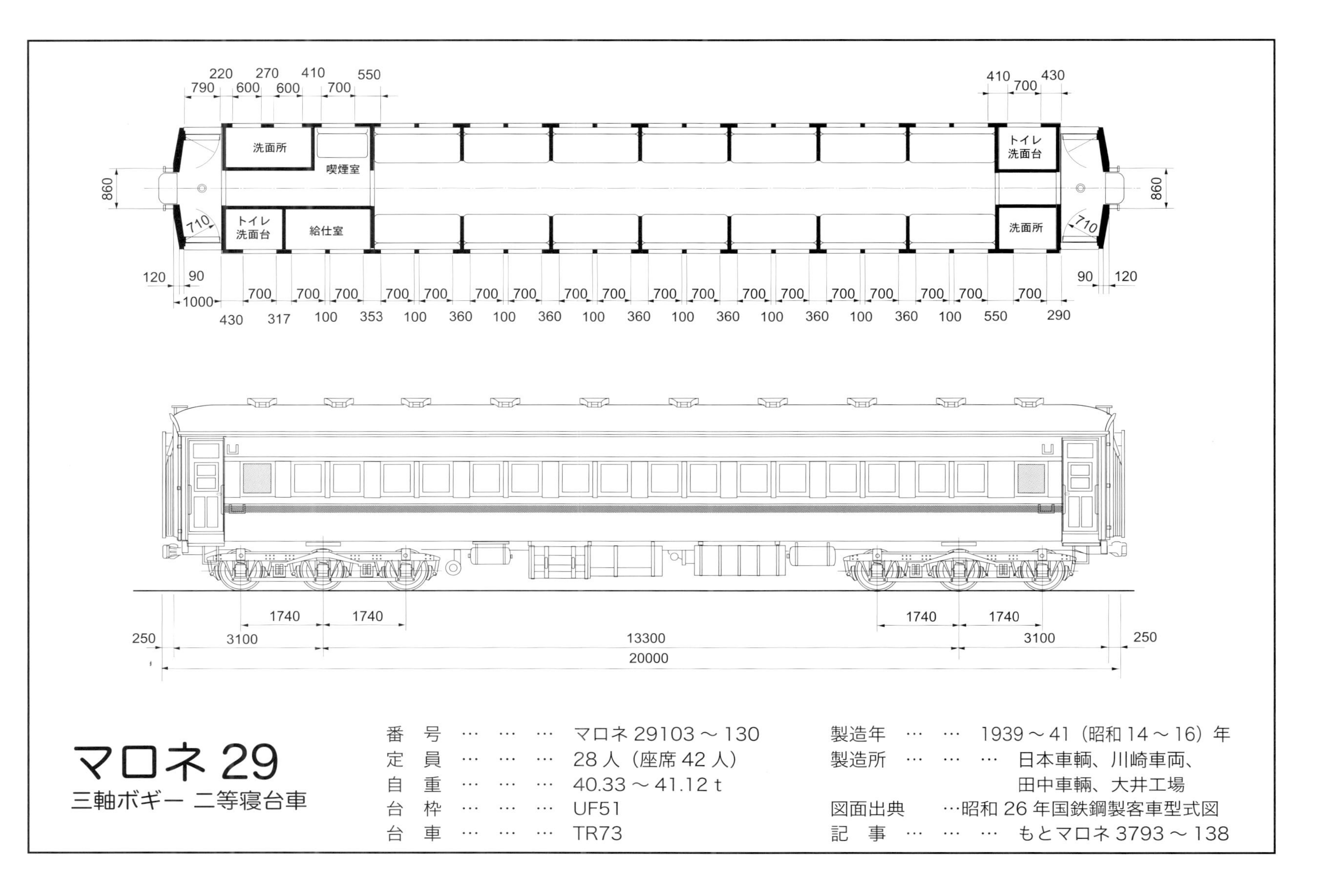

マロネ29

三軸ボギー 二等寝台車

番　号 …… …… …… マロネ29103～130
定　員 …… …… …… 28人（座席42人）
自　重 …… …… …… 40.33～41.12 t
台　枠 …… …… …… UF51
台　車 …… …… …… TR73

製造年 …… …… 1939～41（昭和14～16）年
製造所 …… …… …… 日本車輌、川崎車両、田中車輌、大井工場
図面出典 …昭和26年国鉄鋼製客車型式図
記　事 …… …… …… もとマロネ3793～138

マロネ38、マロネ39　客車解体

マロネ38型、マロネ39型はすでに定期列車の運用からは離れていたが、何カ所かでお目に掛かることができた。

マロネ38型は4人用特別室を2室備えたC寝台、マロネ39型は4人コンパートメント8室のC寝台車。後者は1950年にかつての寝台車が改造で復活したもので、片側のデッキ部分を洗面室としているのが特徴。

この二型式に思い入れが深いのは、その最期の姿を見届けた気になっているから、である。青梅線の昭島駅から枝分かれした（昭和飛行機の跡地といわれるが、いまとなっては定かではない）引込み線で、鉄道車輌の解体作業が行なわれていた。

下の写真は、昭島へ回送されるマロネ39 1。中央線の国分寺のヤードで遭遇し、回送送り状に「解体処分」とあったのを見付けて追い掛けていったのだ。

留置線には解体待ちのなん輛かの車輛が置かれていた。その車体にバーナーが入れられた客車は、だいたい半日ほどでご覧のような状態になってしまう。いま思い返しても息が詰まるような情景であった。

レンズ交換もできない標準の暗いレンズ付のカメラしか持っていなかった当時。室内など、せめてくまなく記録に残しておきたいと頑張りはしたけれど、残念ながら真っ暗なネガ（ネガだから真っ白か）といくつかの遺品のような「送り状」などの部品があるだけで、すべては鮮烈な記憶として残っているだけである。

東シナの文字は描かれているものの、いずれも品川客車区ではなく、郊外の駅の留置線などでお目に掛かったマロネ38 3とマロネ39 2。右ページの写真：昭島にあった解体所で解体されていたのはマロネ38 3であった。「解体処分」と書かれた日付は1964年8月28日と印される。

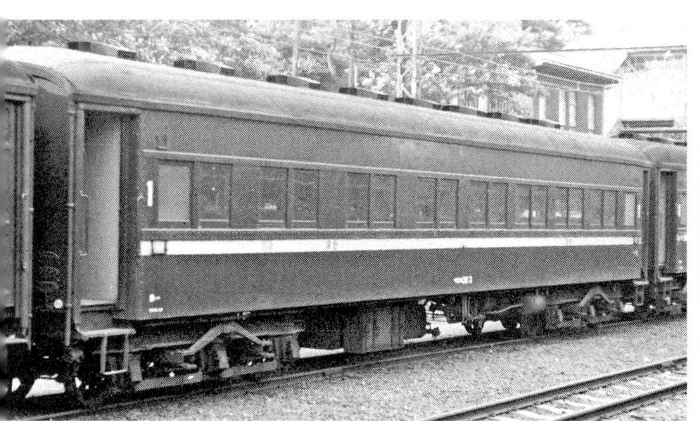

マロネフ58　もと一二等寝台車

急行列車など、編成の中に１輛だけ組込まれているダブルルーフの優等車（それは「ロネ」であったり食堂車であったりするのだが）を見付けては、熱い視線を送ったものだ。だいたいが客車というのは不揃いの編成が面白い。

いまや、客車というもの自体が実用の域から消え去ってしまっているが、だからこそ、趣味世界としては記憶と記録に残しておきたいと思うのである。

品川客車区で出遇ったマロネフ58 2は、1964年12月には廃車になっているから、まさに最後の一瞬に触れられた、というところだろうか。1931年３月、国鉄小倉工場で製造されたマイロネフ37280型一二等寝台車、マイロネフ37281だった。

その後、マイロネフ37になり一時進駐軍に接収されたのち、1953年の称号改正の時点で、一等寝台部分を特別室として「特別室付二等寝台車」マロネフ38 1～3に、さらにマロネフ58に改番された…　とこれだけ辿ってみるだけでも、面白い。晩年は尾久客車区にあって急行「十和田」などに使われていた。

半室が「Cロネ」、それに３室の個室寝台を持つ。洗面所が２カ所、それに喫煙室まであるのは、いかにも佳き時代の客車を思わせる。

ダブルルーフの旧型客車が編成に組込まれるなど、不揃いの編成は客車列車の魅力のひとつだ。マロネフ58 2は撮影後間なしに廃車になってしまった個室付寝台車。

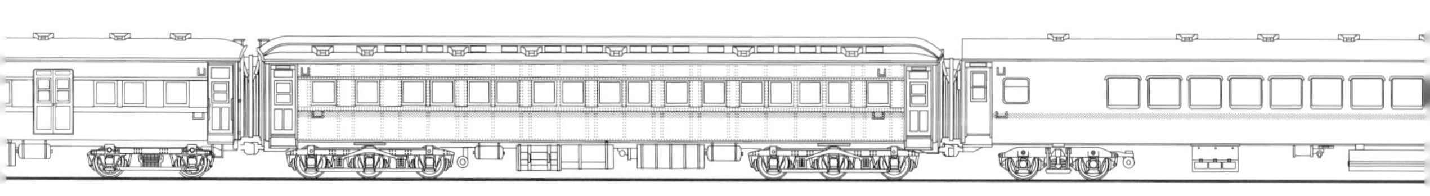

マロネフ58　二等寝台車

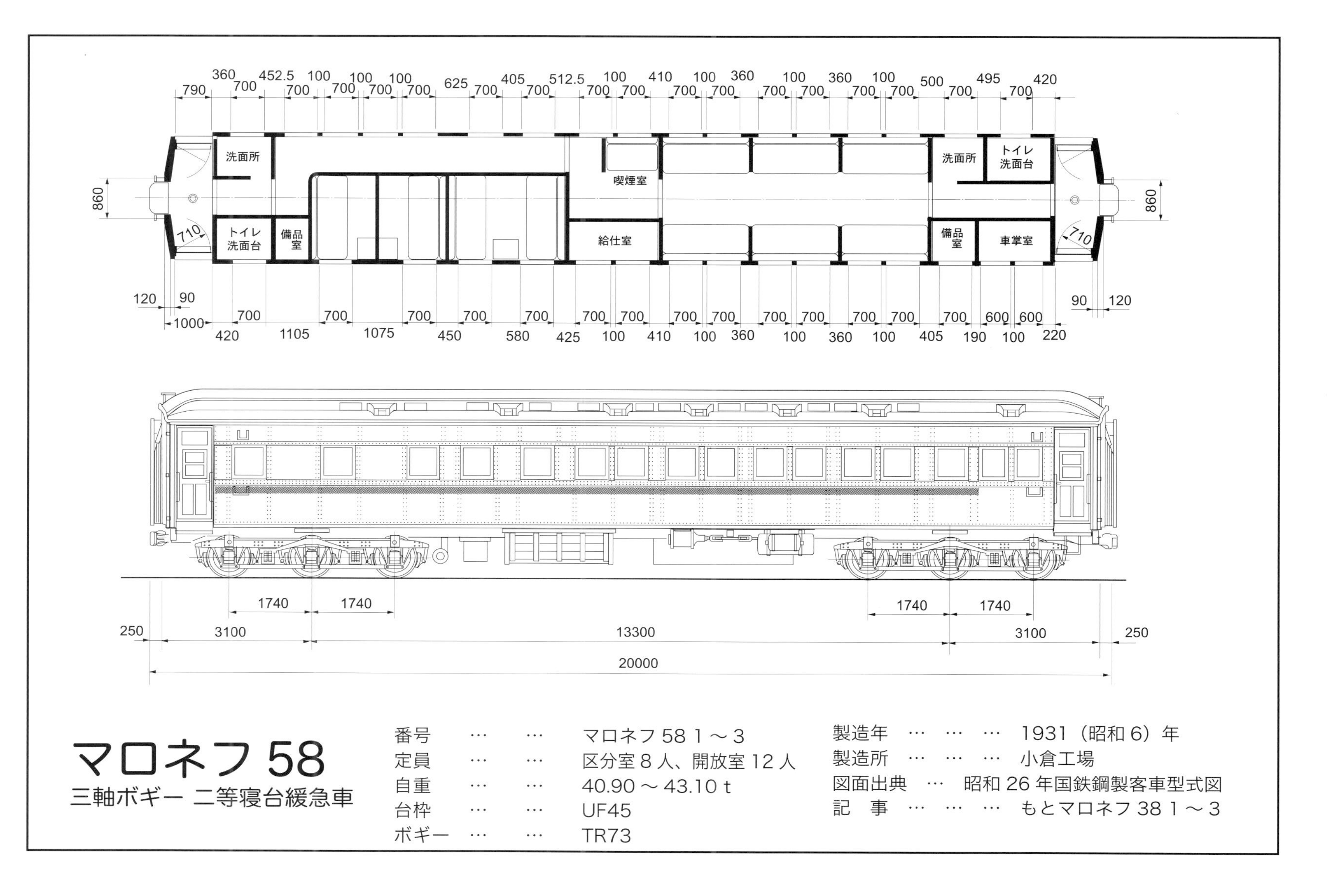

マロネフ58

三軸ボギー 二等寝台緩急車

番号 … … マロネフ58 1～3
定員 … … 区分室8人、開放室12人
自重 … … 40.90～43.10 t
台枠 … … UF45
ボギー … … TR73

製造年 … … … 1931（昭和6）年
製造所 … … … 小倉工場
図面出典 … 昭和26年国鉄鋼製客車型式図
記　事 … … … もとマロネフ38 1～3

マロネフ38のこと

同じマロネフ38型でも10番代は一型式２輌。1931年に鷹取工場で４輌がつくられたときはマイネロ37260型、つまり一等寝台と二等座席の合造車であった。それが1940年に緩急車化改造を受け、マイネロフ37260型になるが、このとき１輌は改造されることなく残り、マイネロ37 1から軍に接収し1704を名乗る。返還後は1950年にマヤ571、さらに1952年大宮工場で試験車に改造されてマヤ3751を経てマヤ3851になり、1970年に廃車。

話を戻して、マイロネフ37260型は1941年10月の称号改正によってマイネロフ37型になり軍に接収、返還後は1953年６月の改正でマイネロフ29型になった。それも束の間、1954年に大船工場で寝台化改造を受け、マロネフ38型の10番代、つまりはマロネフ3811、12となったのである。ここで、１輌は改造の上、別型式マイネロ29型マイネロ29 3になっている。

つまり、マイネロ37260型として完成したときには４輌だったものが、３型式に分かれ、最終的に残った２輌がマロネフ3811、12になったわけで、ともに1967年11月には廃車になってしまった。

マロネフ3811、12の２輌はダブルルーフにリヴェットだらけのクラシカルな優等客車。マイネロとして生まれ、多彩な経緯を辿った末に２輌がマロネフ38型10番代に。

マロネフ38 12

軽量「ハネ」、ナハネ 10 系

戦後初の三等寝台車として、1956 年にナハネ 10 型 48 輌がつくられた。それは裾が絞られて車体幅が 2.9m に拡大、全長も車体で 20m、全長で 20.5m というひと回り大きなものが初採用され、新しい基準となった。翌年増備されて 100 輌になったところで、マイナーチェンジされナハネ 11 型に進化している。ナハネ 10 型は三段の寝台をずらりと並べ 60 名の定員だったが、給仕室の拡大、寝台の間隔を少し広げるなどして定員 54 名としたのが最大の変更点。

新型の寝台車は人気を博したことから、戦前型の普通客車を中心にその台枠、台車など下周りの上にナハネ 11 型に準じた車体を新調して寝台車をつくった。旧型客車の台枠だから車体長は 19.5m だったが、それは給仕室を狭めることで対処し、寝台部分の寸法はナハネ 11 型と同じだ。それは 1961 年から登場し、オハネ 17 型を名乗った。

同時期にナハネ 11 型の緩急車版であるナハネフ 11 型がつくられている。またナハネ 10 型は定員を他車と揃える目的もあって、車掌室を設け全車ナハネフ 10 型になった。

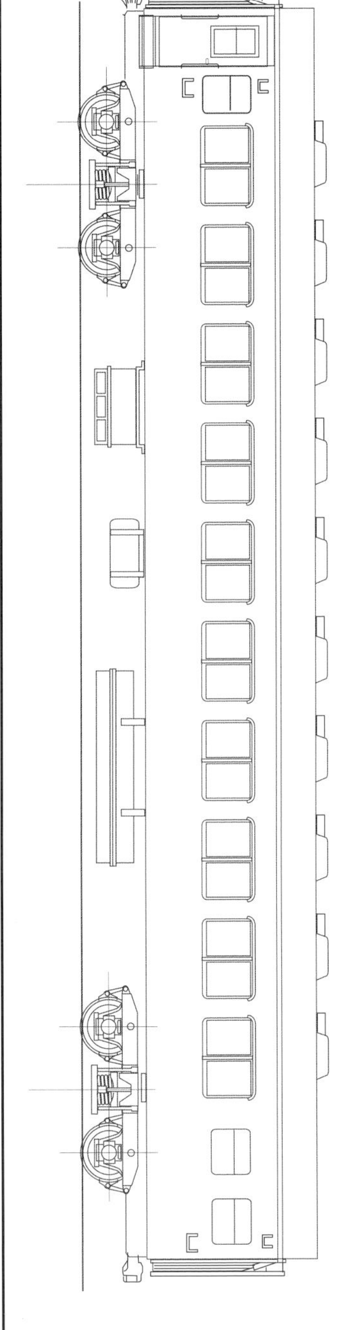

軽量客車の三等寝台車として登場した最初のナハネ 10 型 は、60 名の定員。寝台がズラリと並んでいた。後続のナハネと定員を合わせるためにナハネフ 10 型に改造。左右で形態が大きく異なるのが特徴。

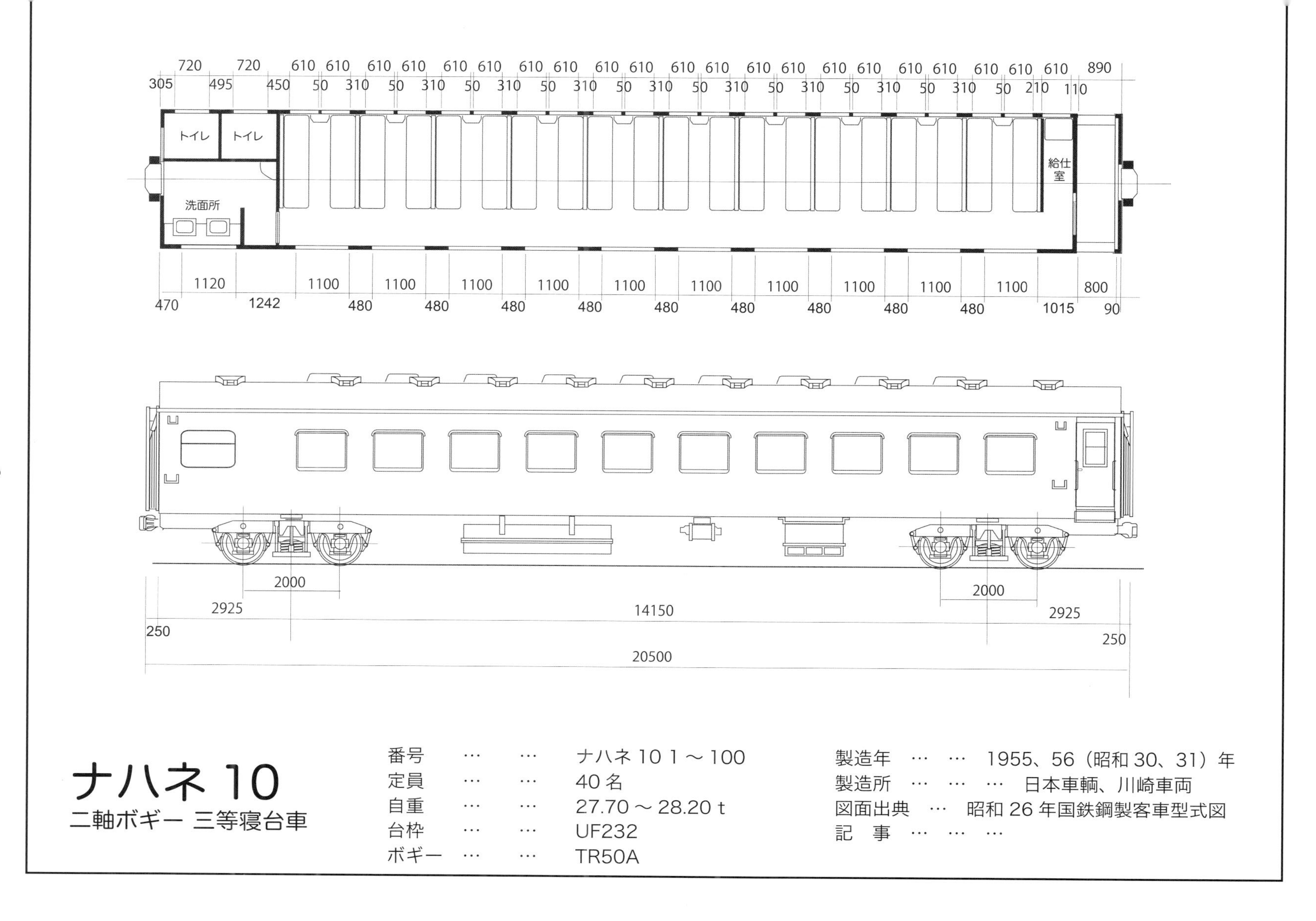

ナハネ 10

二軸ボギー 三等寝台車

番号 … … ナハネ 10 1 ～ 100
定員 … … 40 名
自重 … … 27.70 ～ 28.20 t
台枠 … … UF232
ボギー … … TR50A

製造年 … … 1955、56（昭和 30、31）年
製造所 … … … 日本車輌、川崎車両
図面出典 … 昭和 26 年国鉄鋼製客車型式図
記　事 … … …

1960年代後半になると寝台車に冷房装置を取り付ける工事が行なわれ、それぞれ重量が増したことから型式が変更になった。具体的にはナハネ11型がオハネ12型、ナハネフ10型がオハネフ12型、ナハネフ11型がオハネフ13型、オハネ17型がスハネ16型である。

寝台が並ぶ側と通路側とではまったく異なる表情を持ち、車体裾を絞った車体はこれまでの客車とは大きく印象を変えた。われわれにとっては「新車」感の強い客車、貴重なフィルムは余命短い旧型客車に充てられることが多かった。もっと撮っておけばよかった…

標準タイプとして量産されたナハネ11型につづき、旧型客車の台枠を利用した各車が登場。のちに冷房装置を取り付け、型式が変更された。下はオハネ17157とオハネ172040。台車のちがいに注目。上は寝台折りたたみ時の室内。

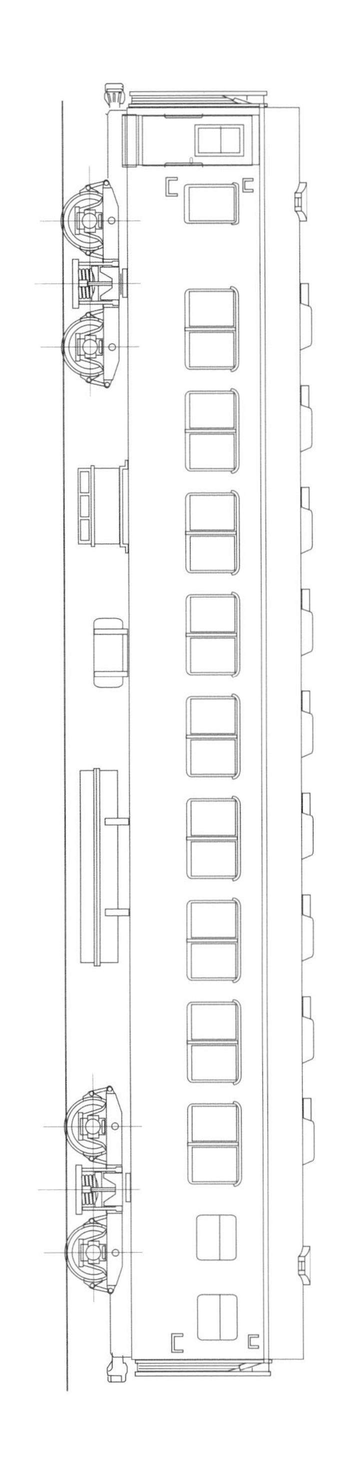

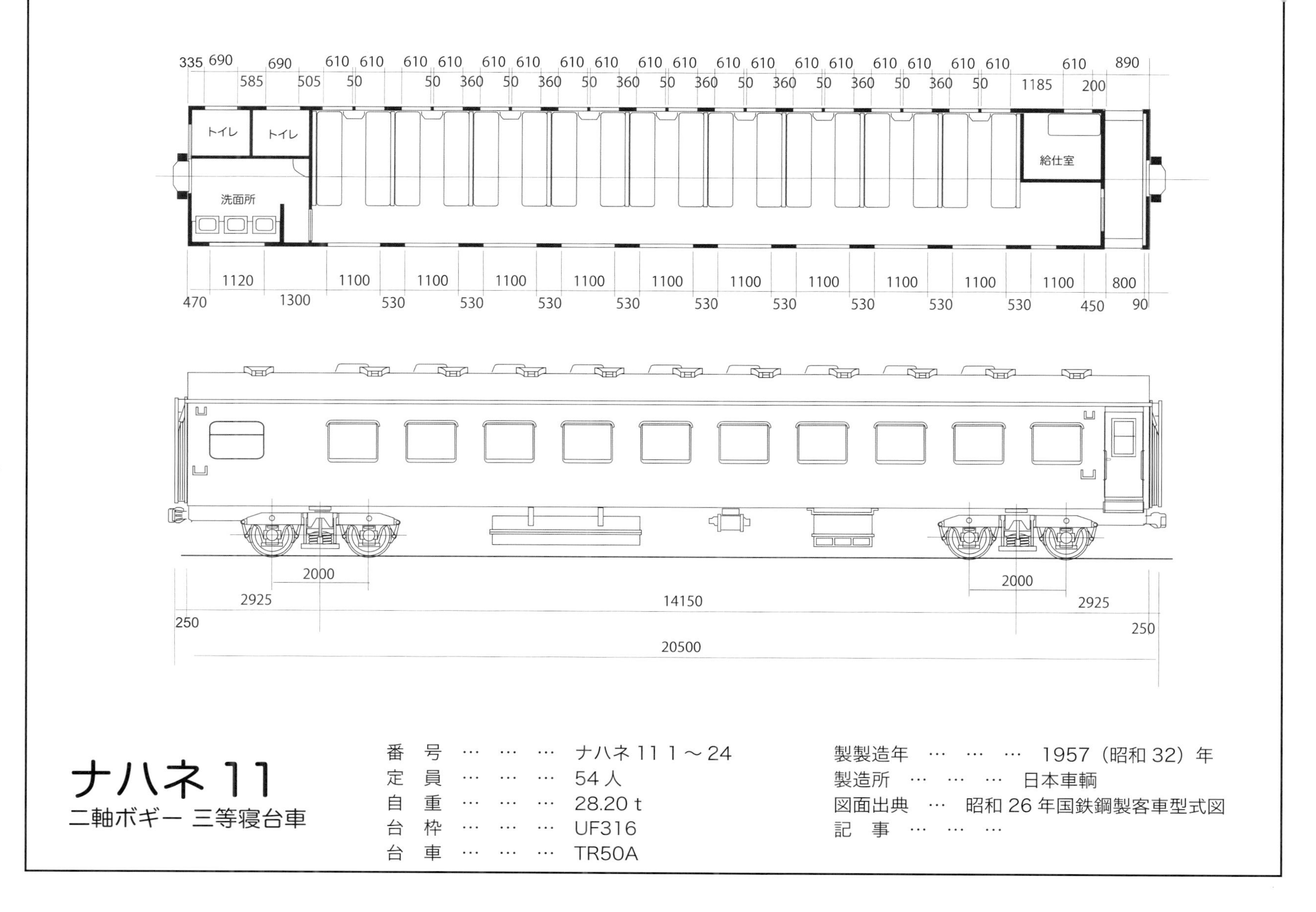

ナハネ 11

二軸ボギー 三等寝台車

番　号 … … … ナハネ 11 1 ～ 24
定　員 … … … 54 人
自　重 … … … 28.20 t
台　枠 … … … UF316
台　車 … … … TR50A

製製造年 … … … 1957（昭和 32）年
製造所 … … … 日本車輌
図面出典 … 昭和 26 年国鉄鋼製客車型式図
記　事 … … …

甦った「ハネ」、スハネ30

客車の屋根はダブルルーフ（二重屋根）、丸屋根、切妻と進化した、とされるが丸屋根になったのは、必要に迫られてという話は意外と知られていないようだ。それは1931年につくられた初代スハネ30型となるスハネ30000型客車。三段式の寝台をつくるために屋根を丸くする必要から生まれたのが丸屋根だった。

それまでは明り取りの目的もあってダブルルーフだったのだが、それも室内灯の進化で必要なくなったので、丸屋根の採用は以後、継続されたのである。

スハネ30型にはスハネ31型という増備車もつくられたが、1941年には三等寝台車廃止となり、すべて座席車、オハ34型に改造された。

時が経って1950年代末、新製されたナハネ10型以降、寝台車の需要は急激に高まった。1959～62年、かつて寝台車であったオハ34型をふたたび寝台車に戻す改造が行なわれた。室内をナハネ11型に準じただけでなく、随所に新しい構想も採り入れられた。片デッキ、屋上の扇風機カヴァなどが目新しい。スハネ30型が99輌、スハネフ30型が3輌つくられた。

寝台車の人気にかつて寝台車としてつくられた客車をふたたび寝台車に改造してスハネ30型、スハネフ30型が誕生。片デッキが特徴のスハネフ30 1とスハネ3027。

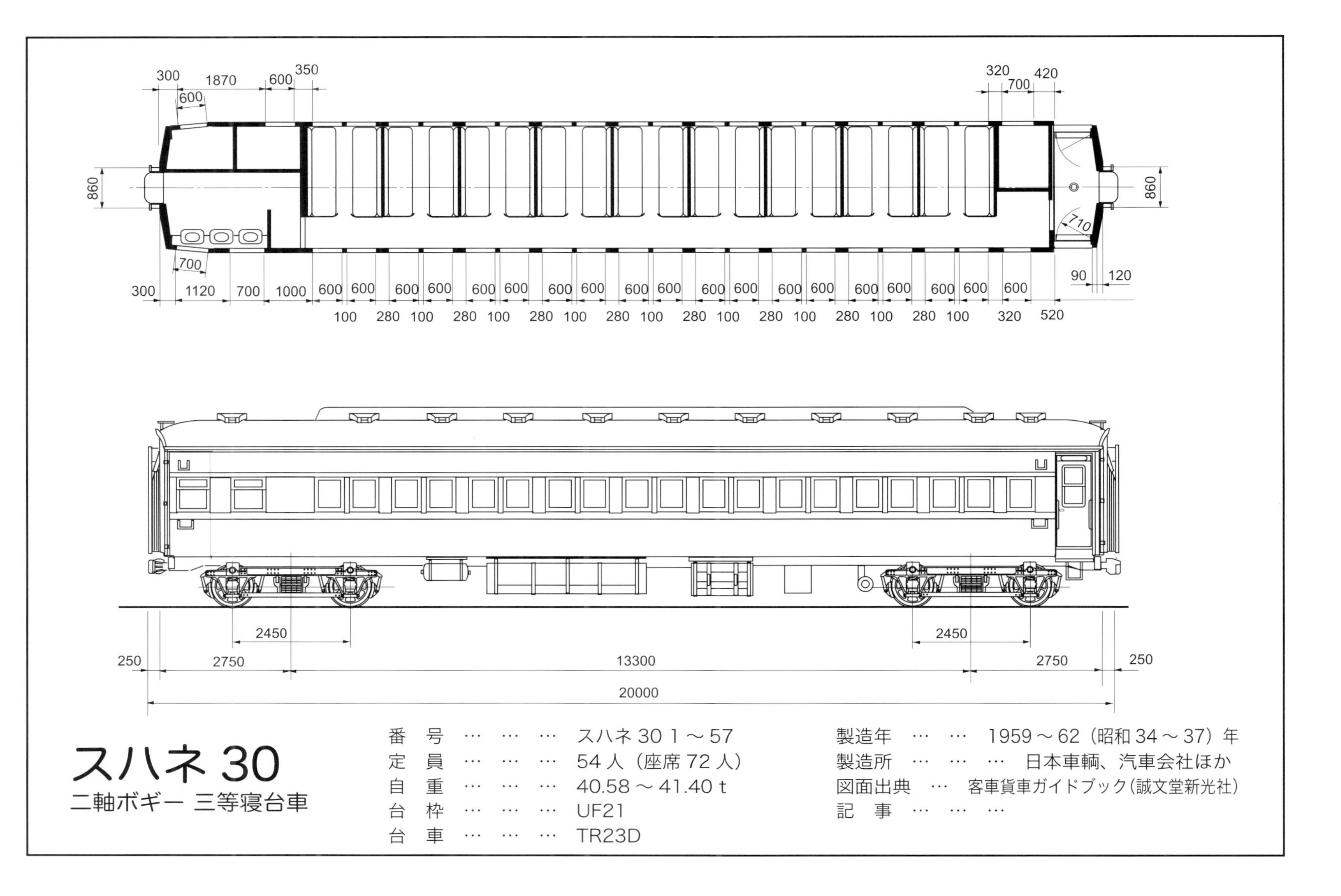
スハネ30
二軸ボギー 三等寝台車
番　号 … … … スハネ30 1 ～ 57
定　員 … … … 54人（座席72人）
自　重 … … … 40.58 ～ 41.40 t
台　枠 … … … UF21
台　車 … … … TR23D
製造年 … … 1959 ～ 62（昭和34 ～ 37）年
製造所 … … … 日本車輌、汽車会社ほか
図面出典 … 客車貨車ガイドブック（誠文堂新光社）
記　事 … … …
20000
13300
2750
2450
250
860

丸屋根、折妻の「並ロ」

そのむかし、普通列車にも１輌だけ二等車がつながっている、などということが少なくなかった。もちろん、貧乏旅行をしていた身だから、なかなか乗ることはできなかったのだけれど、もと二等車がそのまま普通の三等車に格下げされていたりすることもあって、編成のなかに格下げ車を見付けるとそそくさと乗り込んだものだ。オロ40系の格下げ車は普通のボックス・シートでも格段に厚いシートで、白いカヴァこそかかっていないもののちょっとした優雅な気分に浸れ、すごく得をした気になった。

そんな昔ながらの二等車は、戦後、リクライニング・シートを備えた特別二等車がつくられると、そちらが「特ロ」と呼ばれたのに対し「並ロ」といわれるようになった。「特」に対する「並」、列車によっては料金も変えられたりしたのであった。

増備がつづけられた「特ロ」が主流になって急行などの優等列車はだんだん「特ロ」が当たり前になり、それまでの二等車「並ロ」の一群は運用から外れることが多くなった。一方で、普通列車に二等車が連結される例もどんどん少なくなっていったから、臨時列車のために客車区の隅で休んでいたり、はたまた普通車（三等車）に格下げされたりして、数はどんどん少なくなっていっていた。だから、品川客車区のヤードで見付けた「並ロ」は一所懸命カメラを向けた記憶がある。

その当時、残っていた「並ロ」は大きく分けて２タイプ。700mm幅狭窓のオロ35系と1200mm広窓のオロ40系。ともに丸屋根のスハ32のシリーズとオハ35のシリーズの二等車としてつくられたもので、それぞれの車掌室付がオロフ32型とオロフ33型になる。窓サイズだけでなく大きなちがいはシートに見られる。つまり、前者は転換クロス・シート、後者は固定式のシートで、室内の雰囲気も大きく異なる。

いずれにせよ、1960年代後半には姿を消してしまい、二等車からグリーン車になった頃は、もう「特ロ」を指すようになっていたのだった。

狭窓の二等車オロ35型は、スハ32系の二等車として、1934～41年に70輛もがつくられた。定員64名。前ページ写真：オロ3548。オロ41型はその増備型として戦後1948年につくられた折妻が特徴。写真はオロ41 6。

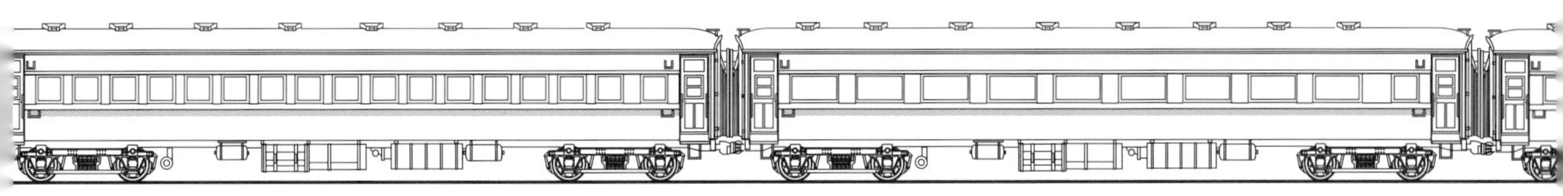

オロ35（狭窓「並ロ」）二等車

オロ40（広窓「並ロ」）二等車

前につくられたオロ36型の後継で、オロ40型は1940～42年につくられたオハ35系の二等車。1200mm広窓で明るい印象。写真は1945年～の折妻、オロ4051。

スロ43型はオロ35型に電気暖房装置を取り付けるなど、近代化改造を施したもので1959年に登場。写真のスロ432004は、もとオロ35 4。左と下はオロフ33型で1939年に5輌がつくられた、オロ36型の車掌室付版。1300mmの広窓と二連の車掌室窓が特徴。左がオロフ33 2、下がオロフ33 4。ともに品川客車区で遭遇。

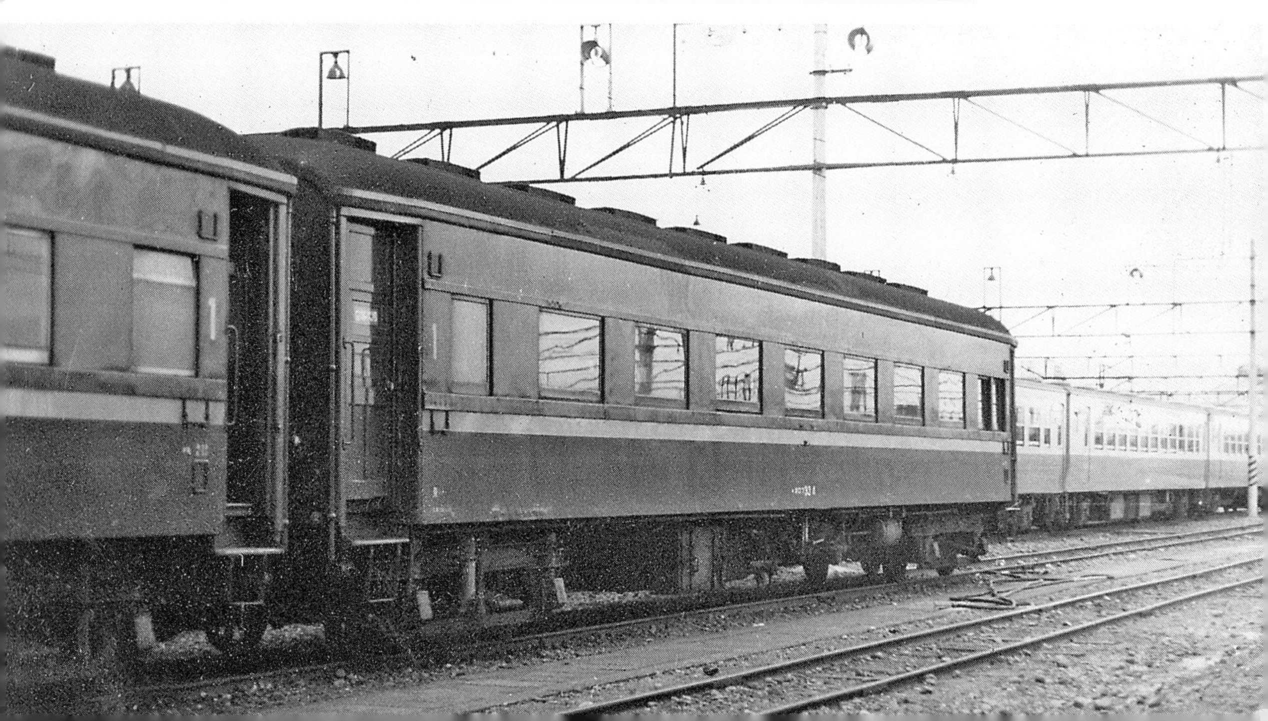

切妻の「特ロ」

むかしの二等車、のちの一等車、グリーン車と変化していくのだが、まだ青帯を巻いていた時代の二等車には大きく分けてふたつの種類があった。そのひとつは、戦後間もなく進駐軍からのリクエストによって実現したものだ、という。具体的には、リクライニングするシートを備えた優等座席車を用意する、ということであった。戦後間なしの物資や予算の少ない折のこと、苦肉の作としてちょうど工事中だった鋼体化改造中の車体を利用、自動車部品などでも知られる小糸製作所によって特製されたシートを備え、間に合わせることになった。

鋼体化改造というのは、旧型の木造客車を鋼製の車体に載せ変えるもので、オハ61、オハ60型といった60番代の型式の客車が鋼体化改造車に与えられた。

要望もあって、トイレを2カ所に用意したり、冷房装置の準備もできていたことから一等車、スイ60型としてデビュウさせる予定だった、という。しかし、一等展望車の座席が一人用だったのに対し、二人用安楽座席（リクライニング・シートは安楽座席と呼ばれた）であることなどから、「特別二等車」というポジションがつくられ、特別料金で提供することになったのだった。

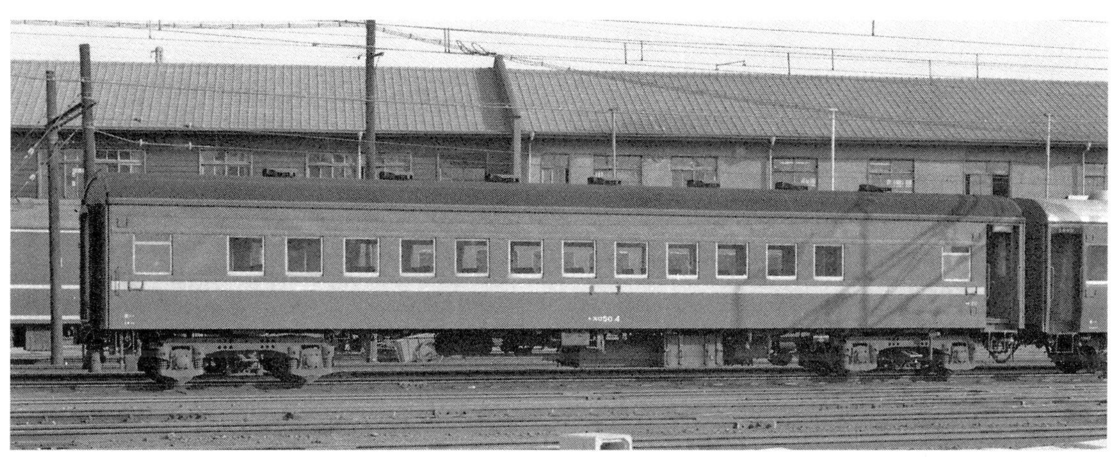

リクライニング・シートを持つ特別二等車「特ロ」は1950年に登場した。鋼体化改造で誕生したのでスロ60型、スロ61型を名乗ったが、後者はすぐにスロ50型に改称。狭窓が特徴で、上:スロ50 4に遭遇。右はスロ6021。下は1952～55年に新製されたスロ54型、スロ5446。

まずは1950年に型式もスイではなくてスロ60型として、30輌が国鉄大井工場、大宮工場でつくられた。

以後、二等車は「特ロ」と「並ロ」に二種類が存在するようになった。

その後は、ちゃんと新製した「特ロ」として、スロ51型以下がつくられていくのだが、スロ60より座席を少し詰めた48名乗りのスロ50型がやはり国鉄工場の手で10輌つくられている。スロ52型はスロ51型改造の北海道仕様、スロ53型、スロ54型はそれぞれ1951年、52年に増備されたもので、1000mmの広窓になった。後者が蛍光灯付というちがいがある。

軽量客車の一員として、1957年から加えられたのがナロ10型。33輌がつくられたが、登場するや早速、淡緑塗色にされて特急「つばめ」「はと」に連結された。特急が電車化されたのちには、一般塗色になって急行などにも広く使われた。1960年代後半には冷房装置を付けて、オロ11型になった。

オロ61型は1959年から鋼体化によって誕生したもので、台車は軽量客車でお馴染みのTR52Aを履いている。

オロ61型、オロ612030は、オハ61型を改造してつくられた。台車はTR52A。下は軽量客車の一員「特ロ」ナロ10型。1957年〜つくられた。写真はナロ1025。

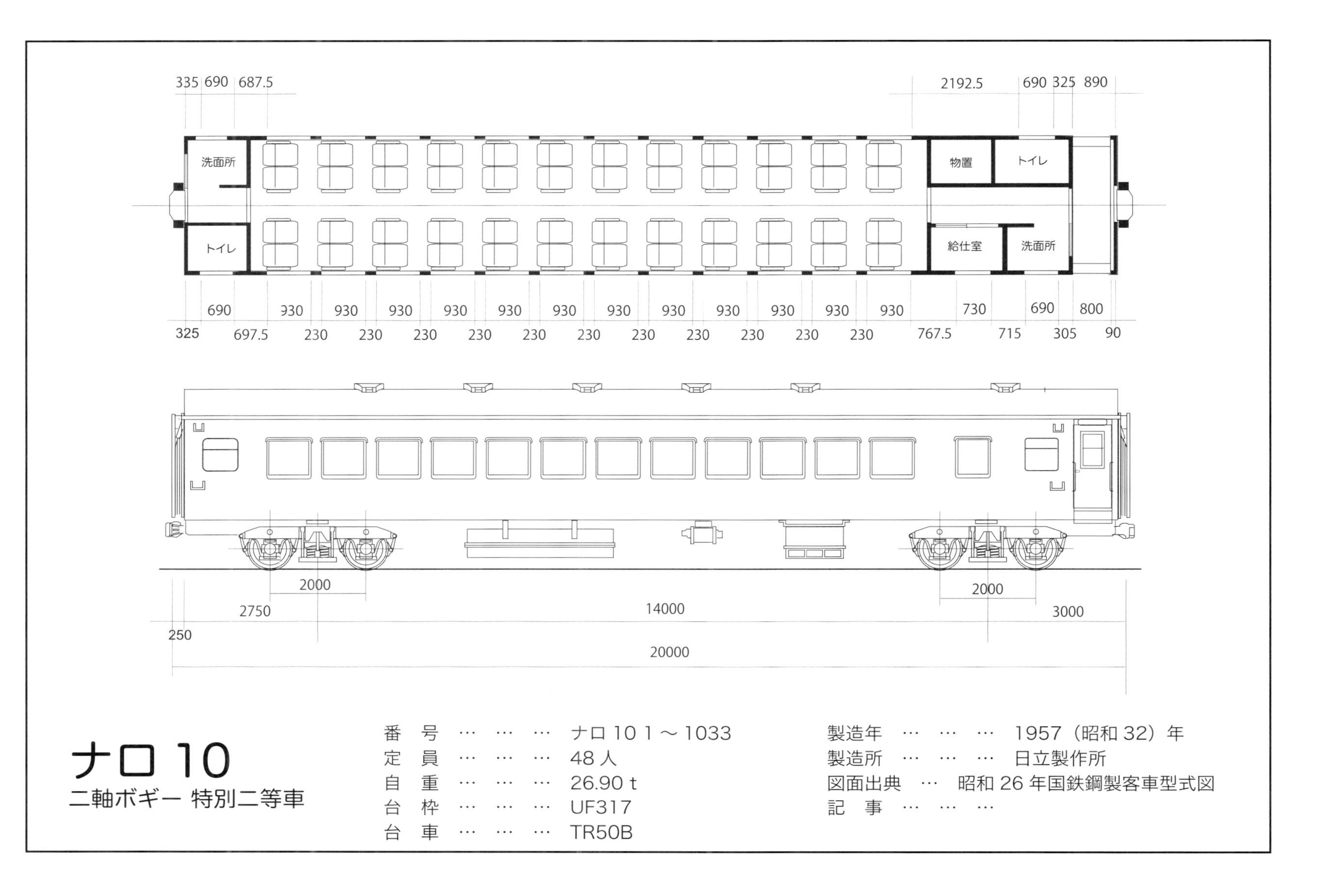

335 690 687.5
2192.5
690 325 890
洗面所
トイレ
物置
トイレ
給仕室
洗面所
690 930 930 930 930 930 930 930 930 930 930 930 930 730 690 800
325 697.5 230 230 230 230 230 230 230 230 230 230 230 767.5 715 305 90
2000
2750
250
14000
2000
3000
20000
ナロ10
二軸ボギー 特別二等車
番号 … … … ナロ10 1～1033
定員 … … … 48人
自重 … … … 26.90 t
台枠 … … … UF317
台車 … … … TR50B
製造年 … … … 1957（昭和32）年
製造所 … … … 日立製作所
図面出典 … 昭和26年国鉄鋼製客車型式図
記事 … … …

主流「ハザ」…

客車は用途に応じてヴァリエイション豊か。それがまた客車の魅力にもなっているのだが、やはり主流を占めるのは三等車、つまりのちの普通車、「ハザ」である。1967 年 3 月末のデータでいうと 10114 輌の客車のうち 4189 輌が「ハザ」。半数近くが普通の座席車だったわけだが、それはそうだろう、一般が普通に利用するのはベイシックな「ハザ」だったのだから。

思い返してみれば、われわれの撮影行、たとえ夜行列車を使ってもなかなか「ハネ」を奢ることはなかった。もっとも、撮影に出掛ける興奮で、なかなか眠れやしない。仲間との会話で硬い座席も苦にはならなかった。その分、モケット張りのシートには懐かしさが籠っている、というものだ。

しかしながら、身近かに普通に存在しているものにはなかなか目が向かない。いや、そのつもりはなかったのだけれど、いまフィルムを眺めてみると、より貴重、稀少な車輌にはカメラを向けているが… という現状だ。

相手がたくさんあり過ぎて、収拾がつかないという部分もある。

なかで、珍しい台車を履いた試作車、もと特急用につくられたスハ 44 系などを紹介しておこう。

写真上のオハ35365は、オハ35系の中で、窓上下のシル、ヘッダーのない「ノーシル、ノーヘッダー」。それは、軽量客車の前触れのような印象もある。下はナハフ 1111。

上は特急用の客車として「つばめ」「はと」の先頭部に連結されていたスハニ35。前向きの固定シートだった。右は同じく特急用の一員、スハ44を改造したスハフ4323。改造スハ43型は14輌で11～24の番号が付けられた。

1955年に登場した軽量客車の試作車、ナハ10903。台車に特徴があり、ボルスター・アンカーが車体側についているTR50X型と呼ばれる台車を履いていた。

食堂車の魅力… マシ 38

料理が運ばれてくるや、ケータイを取り出してカチャカチャ写真を撮っている姿を見るにつけ、ああ、かつての食堂車はどんなだったかなあ、と思い起こしたりする。鉄道旅で食堂車で食事をするということにどれほど憧れていたか…
いまも印象深く残っているのは、C62 重連の牽く急行列車、北海道撮影旅の間じゅう倹約しいしい残した残金を使って、連結されていたマシ 35 で食事をしたこと、だろうか。

自分の財布で心置きなく食堂車に入れる頃には、もう客車列車の食堂車は（ブルートレインを除いて）ほとんど残ってはいなかった。希望としては旧めかしい、それこそダブルルーフの食堂車で食事をしてみたかった… それは欧州の「ワゴン・リ」の食堂車で食事をしたときでも強く思ったことだった。

最近になって、「食」を売りものにした列車が運転されているが、個人的にはあんな豪勢な食事でなく、食堂車で普通の食事がしたい、と叶わぬ願いをする始末だ。

戦後間なしの頃は進駐軍によって優等客車とともに食堂車もほぼすべてが接収された。戦後、世の中が落ち着き、食堂車の要望も窺えはじめたことから、一部返還された旧食堂車を復旧させるなどということがはじまった。1949 年の特急復活に合わせ、4 輌がスシ 47 型として、まず登場してきた。

そうした整備とは別に 1950 年に 5 輌の食堂車が新製された。マシ 35 1 ～ 3、カシ 36 1、2 である。これは、まったく同じ車輌ながら、カシ 36 型は車軸駆動の発電機を備え、調理用電熱レンジ（電子レンジに非ず）、冷蔵庫、それに冷房装置を備えた。その分重量が増して「カシ」を名乗ったのだが、1953 年までに通常の石炭レンジ、氷冷蔵庫に変更され、マシ 3511、12 になった。これらは早速特急「つばめ」「はと」に組込まれた。

その後、戦前につくられた食堂車の多くが復活し、1953 年 6 月の型式称号変更でいくつかの型式に統合された。

品川客車区にたった 1 輌だけが配属されていたマシ 38 型食堂車は、ちょっと注目すべき客車であった。1936 年に国鉄大井工場でつくられたのだが、初めてほぼ全室に 1200mm の広窓が採用されたのと、初めて冷房設備が施されたことで記憶される。

このマシ 38 型以降、オロ 36、オロ 40 型からオハ 35 系へと、広窓客車の時代がはじまるのである。東シナのマシ 38 1 のほか 6 輌がつくられ 5 輌が残っていたが、残りは広島客車区の所属であった。

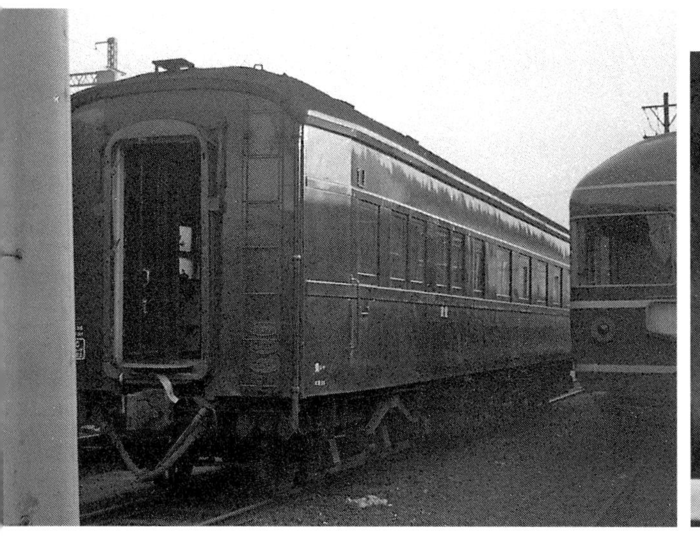

1200mm の広窓を採用し、明るい印象の食堂部分を持つマシ 38 型。品川客車区の隅で遭遇、室内も観察したが、しばらく使われていないとみえ, ご覧の通り。

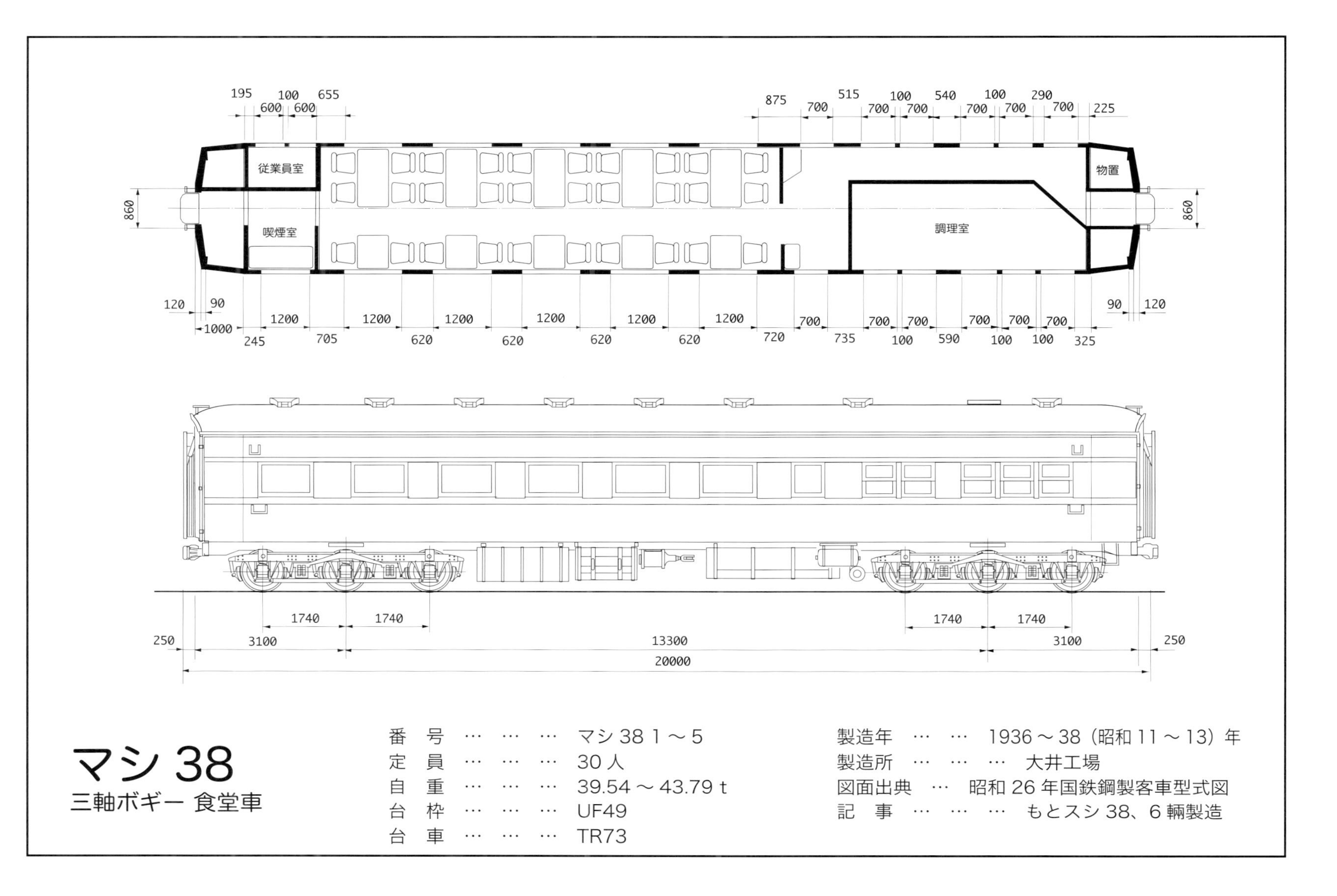

マシ38

三軸ボギー 食堂車

番　号 ……………… マシ38 1～5
定　員 ……………… 30人
自　重 ……………… 39.54～43.79 t
台　枠 ……………… UF49
台　車 ……………… TR73

製造年 ………… 1936～38（昭和11～13）年
製造所 ……………… 大井工場
図面出典 … 昭和26年国鉄鋼製客車型式図
記　事 ……………… もとスシ38、6輛製造

食堂車　スシ28、マシ29

スシ28型、マシ29型ともに昭和のはじめにつくられたスハ32系のスシ37型に端を発して、最終的に1953年の型式称号改正で冷房なしがスシ28型、冷房付がマシ29型に統合された。いったんマシ29型だったものが、冷房を外してスシ28型になったりしたものもある。

当時、スシ28型は100番代のみが残っていて、そのなん輌かを品川客車区見掛けた。またある時は、マシ29型が「東シナ」の表示とともに、ヤードの隅に置かれていた。

かつてはブルートレインになる前の特急「さくら」などにも使われていたが、新型の食堂車の出現、一方で食堂車の連結されない急行列車が増えていくなかで、1960年代にはすっかり予備的存在になってしまっていた。

客車区内で車内も見学させてもらったりもしたが、火の気のない食堂車はガランとしていて、かつての華やかさは感じられなかった。

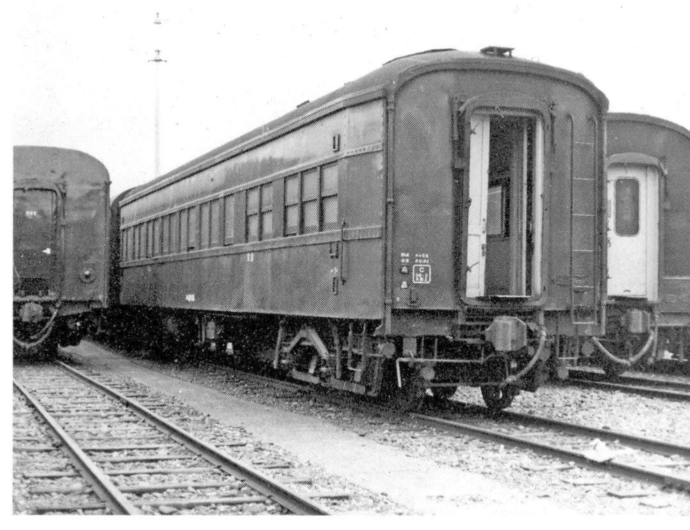

昔ながらの食堂車という印象を与えるマシ28、マシ29型。いずれも昭和のはじめにつくられた丸屋根のスハ32系。上と右のスシ28101は調理室側、下のマシ29201は通路側を示す。

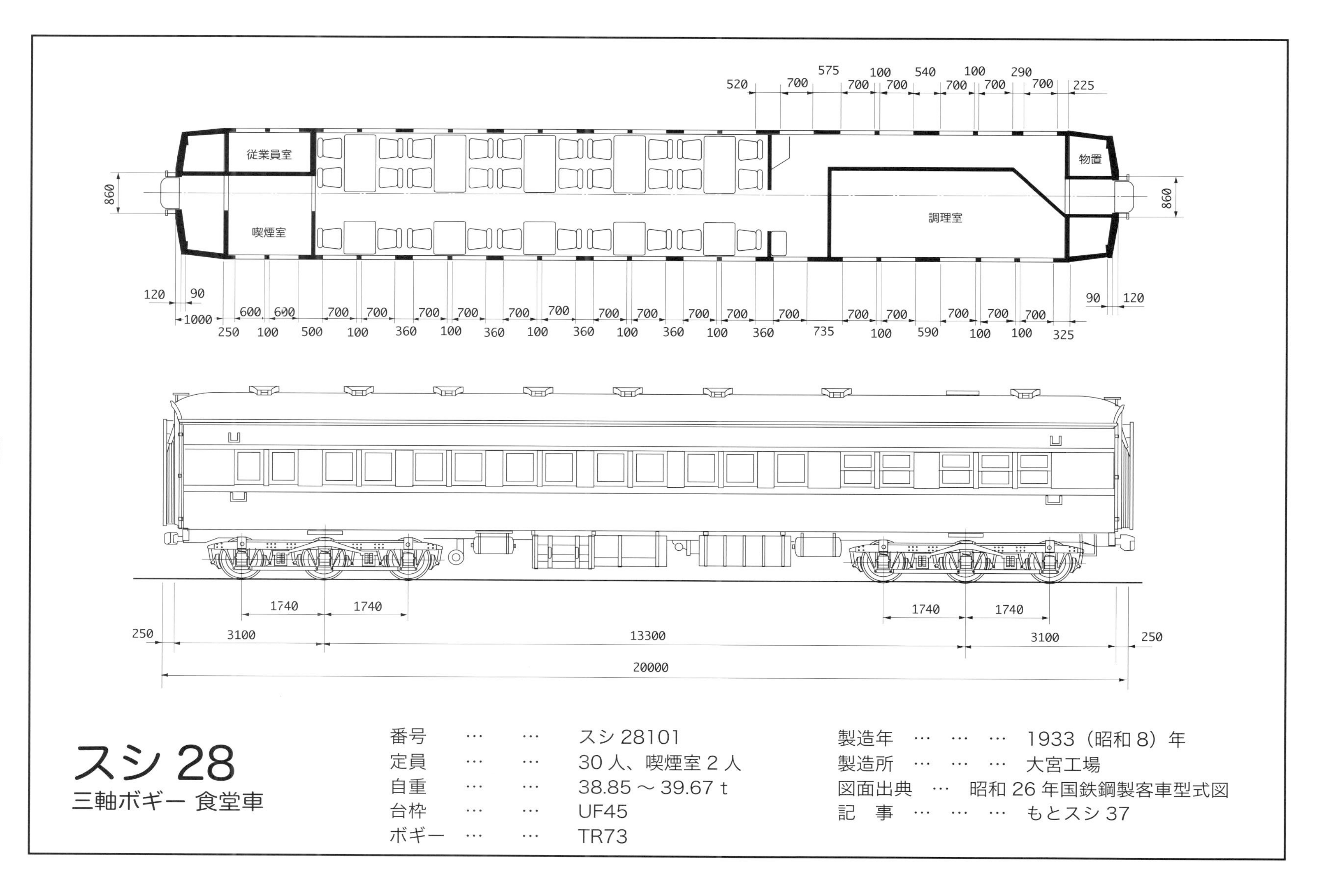

スシ28

三軸ボギー 食堂車

番号 … … スシ28101
定員 … … 30人、喫煙室2人
自重 … … 38.85～39.67 t
台枠 … … UF45
ボギー … … TR73

製造年 … … … 1933（昭和8）年
製造所 … … … 大宮工場
図面出典 … 昭和26年国鉄鋼製客車型式図
記　事 … … … もとスシ37

「軽量」食堂車　オシ 17、オシ 16

軽量客車はいろいろなヴァリエイションを広げていった。そのなかに食堂車も含まれていた。ただし、食堂車は完全な新製ではなく、昭和初期につくられた客車の台枠を使って、それに軽量客車スタイルの車体を組合わせたものだ。

オシ 17 は 1956 年に登場するや、淡緑塗色で特急「つばめ」「はと」に組込まれて、大きな注目を集めた。とりあえず 4 輛、国鉄高砂工場でつくられてのち、数輛ずつ毎年増備。最終的には 25 輛が製造された。。

車体幅を寝台車並に広くしたことで、それまで片側は二人掛けだったところを、両側四人掛のテーブルが並べられるようになった。台車も新しく、TR53 型「シュリーレン・タイプ」が用意された。

オシ 16 型も同様に旧型客車の台枠を利用してつくられた食堂車だが、スタイルは従来の食堂車とは異なり、夜行列車用にビュッフェ・スタイルを採用。中央部にカウンター、その前後にテーブルを配している。

「サロン・カー」とも呼ばれ、電子レンジも設置されていた。全部で 6 輛、タネ車によって、台車も TR47 系や TR23 系とまちまちだった。

軽量客車の食堂車として、1956 年に特急に組込まれて登場したのがオシ 17。オシ 17 7 は左が調理室側、下が通路側。上はビュッフェ・スタイルの食堂車オシ 16 型オシ 162004。

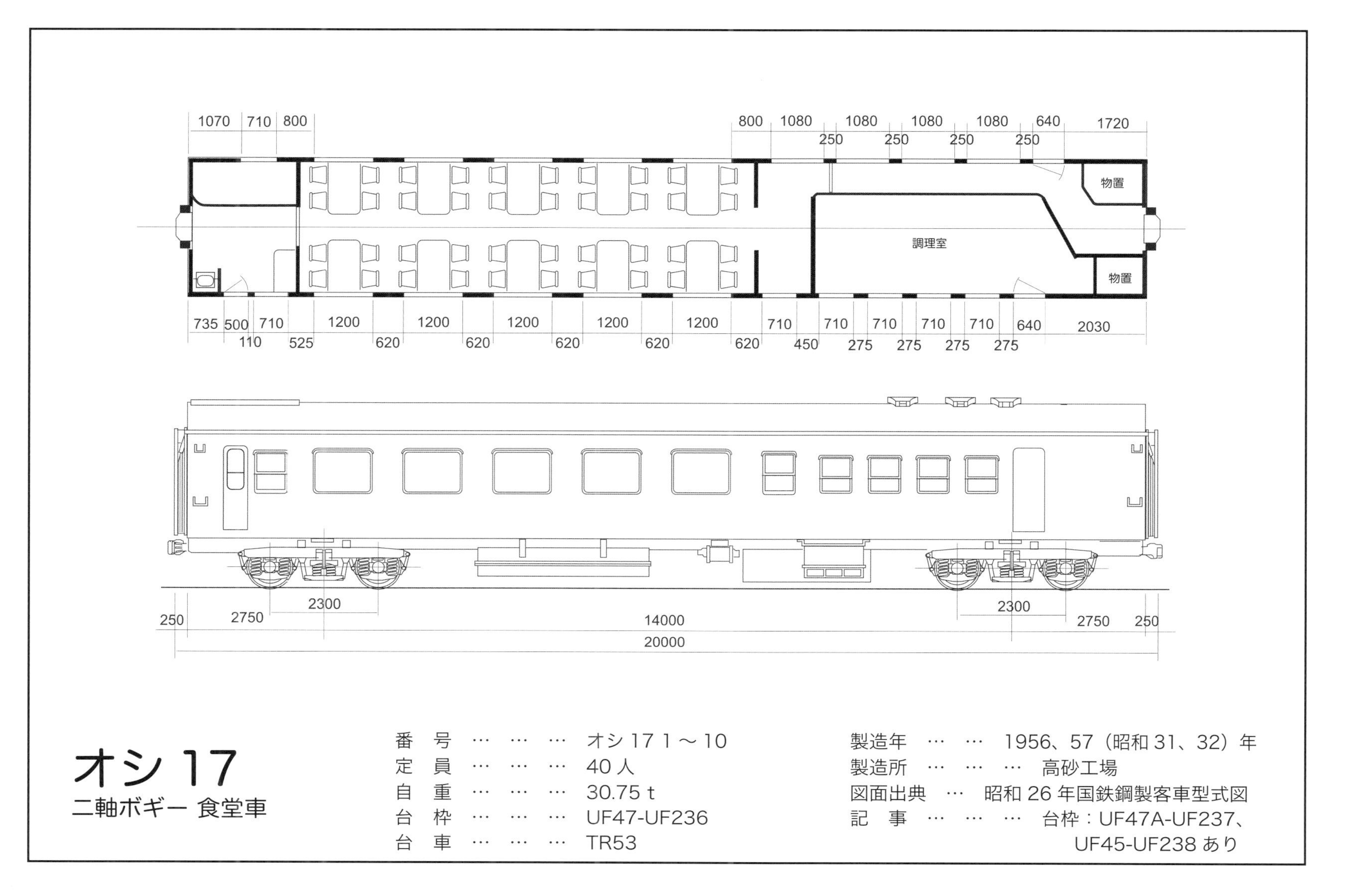

オシ 17

二軸ボギー 食堂車

番　号 …… …… …… オシ 17 1 ～ 10
定　員 …… …… …… 40 人
自　重 …… …… …… 30.75 t
台　枠 …… …… …… UF47-UF236
台　車 …… …… …… TR53

製造年 …… …… 1956、57（昭和 31、32）年
製造所 …… …… …… 高砂工場
図面出典 …… 昭和 26 年国鉄鋼製客車型式図
記　事 …… …… …… 台枠：UF47A-UF237、UF45-UF238 あり

展望車のこと　マロテ49の最期

見果てぬ夢 ── われわれ世代が憧れつつも実現できなかった夢がいくつかある。そのひとつが、展望車に乗る、ということだった。いうまでもない、特急列車の最後尾に連結され、一等客室と展望室を備える。淡緑色に塗られ、「つばめ」「はと」に連結されていた姿は、書物などで見ては熱い視線を送っていたものだ。

そもそもは木造の2輛を別にすると、1930年製のスイテ37000型をはじめとして、展望車は6型式を数えた。1953年の型式変更の時点で4型式8輛が在籍、特急列車などに使用されていた。

そのなかで、1938年に大井工場でつくられたマイテ49型は「つばめ」用展望車として整備され、最期までその雄姿を見せた。一等客室には12名分の一人掛けソファ、4名分の個室、そして11名分のソファが並ぶ展望室の順に並び、最後尾には展望台が備わる。

「つばめ」使用時は大阪宮原客車区（大ミハ）の受け持ちであったが、「つばめ」「はと」の電車化、二等級に変更後は、マロテ49型になり、品川客車区に所属となっていた。

室内も、客室は個室が廃止、一人掛けのリクライニング・シートに変更されるなどして、近代化が実施されていた。マロテ49型になってからは団体用臨時列車や要人の特別列車などに使われた記録がある。

しかし、使用頻度は限られており、ついに1965年には廃車宣告がなされる。そして、1965年の3月10日、青梅線昭島に隣接する解体所で、解体されてしまったのだ。その作業を前にして、ようやく、憧れの展望車に乗り込む夢が叶ったのだが、室内にシートなど調度品はなく、ご覧の有様であった。

解体作業は見るに忍びず、最期の姿だけを記録してその場を去ったのであった。

この展望車のデッキにどれほど憧れたことだろう。ついに、特急時代に乗車することは果たせなかったが、解体直前に乗れることになるとは…　下は、解体所に回送されるマロテ49 1を中央線国分寺で撮影した。

上は解体所で作業を待つマロテ 49。下はその数日前、昭島に向け回送中の姿を、中央線国分寺のヤードで捉えた。

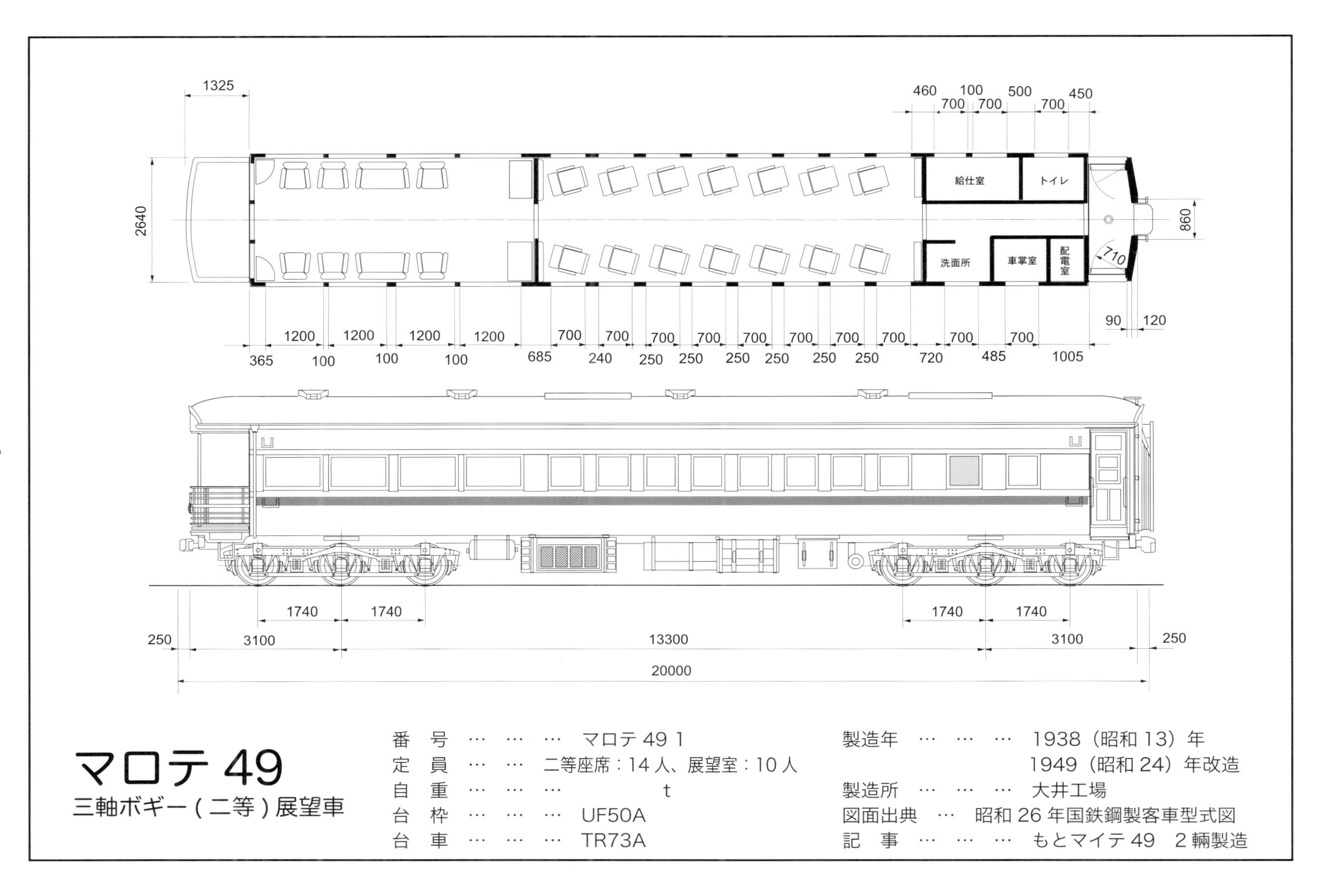

マロテ49

三軸ボギー（二等）展望車

番　号 ……… マロテ49 1
定　員 …… 二等座席：14人、展望室：10人
自　重 ……… t
台　枠 ……… UF50A
台　車 ……… TR73A

製造年 ……… 1938（昭和13）年
1949（昭和24）年改造
製造所 ……… 大井工場
図面出典 … 昭和26年国鉄鋼製客車型式図
記　事 ……… もとマイテ49　2輛製造

解体される前のマロテ 49 1 の室内。上左が展望室からデッキの方を見たところ。上右は展望室でその反対側。左は一等客室部分。展望室の天井はまるでダブルルーフのような装飾になっている。

下は、ガーランド・ヴェンティレイターなど前に解体された客車の残骸が残る解体所。マロテ 49 1 のとなりはマロネ 39 が連結されている。端面には製造銘板のほか東シナの文字も描かれていた。

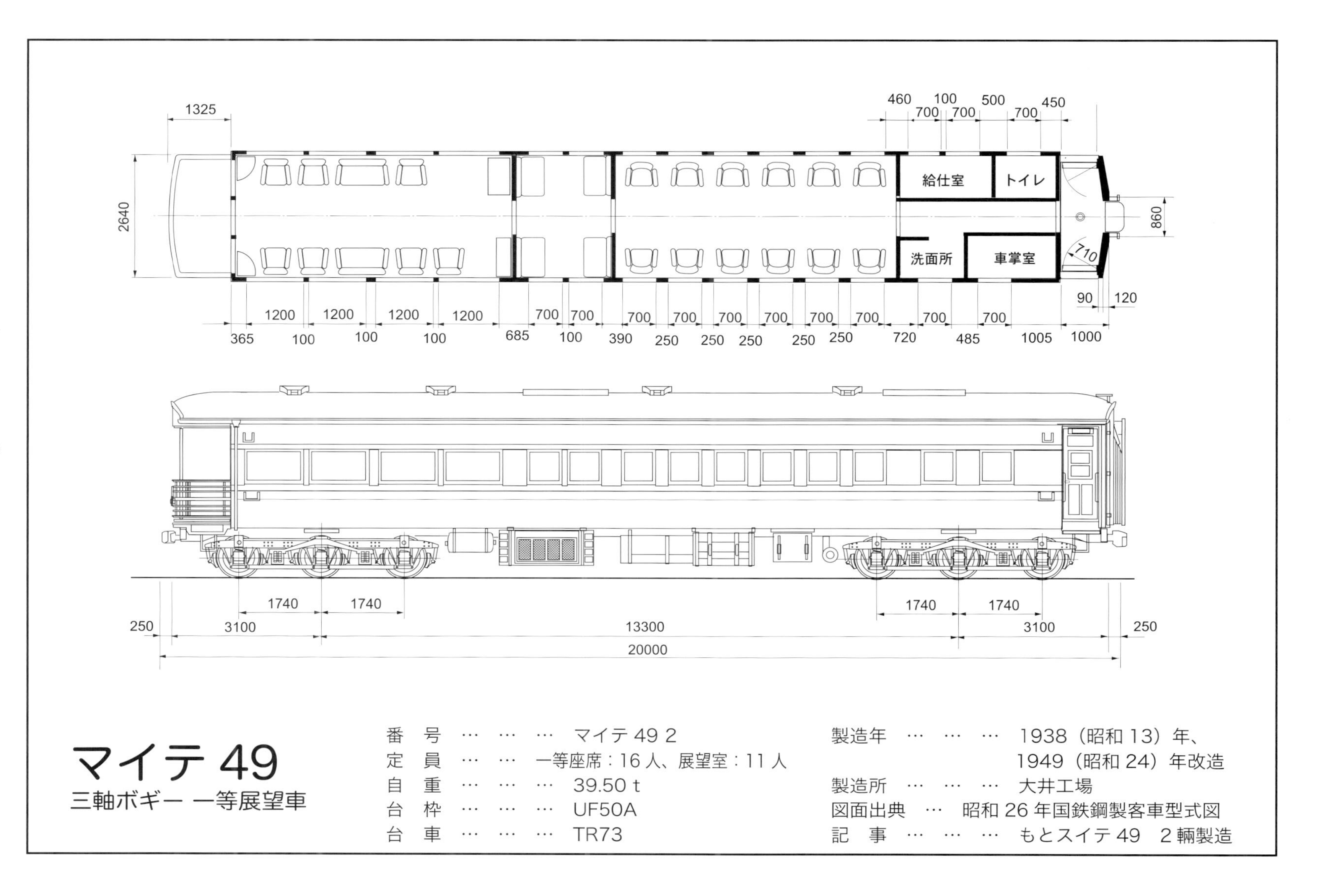

マイテ49

三軸ボギー 一等展望車

番　号 …… …… ……	マイテ49 2
定　員 …… ……	一等座席：16人、展望室：11人
自　重 …… …… ……	39.50 t
台　枠 …… …… ……	UF50A
台　車 …… …… ……	TR73
製造年 …… …… ……	1938（昭和13）年、1949（昭和24）年改造
製造所 …… …… ……	大井工場
図面出典 ……	昭和26年国鉄鋼製客車型式図
記　事 …… …… ……	もとスイテ49　2輌製造

小荷物専用列車のこと

貨物ではない、荷物を運ぶ客車。たとえば特急列車の先頭はスハニで半室荷物車がつながっていたとか、夜行急行でも寝台車の前にはなん輌かの荷物車が「決まり」のように連結されていた。

両開きの大きな荷物室扉を持ち、窓の内側には保護棒が並び、独特の存在感がある。最初から荷物車としてつくられたものだけでなく、いろいろな客車から改造されたものも少なくない。それだけヴァリエイションも多く、それも興味を惹く。

● 小荷物専用列車

やってきたのはEF58の牽く小荷物専用列車。その当時、東京〜大阪、門司、鳥栖、熊本間に4往復の専用列車が走っていた。たとえば、いくつもの駅で荷扱いしながら、東京〜大阪間は11時間ほども掛っていたようだ。郵便車、荷物車などで編成された列車、普通の急行列車などでは見られない興味深い車輌がときに挟まっていたりする。

この日も、2輛目は貨車を客車化したナニ2502であった。外観から連想できる通り、ワキ1型、ワキ79が軍用の販売車に改造後、再改造されて荷物車になったものだった。車掌室が設けられ、荷物室扉も両開きのものになっていた。1966年に廃車になった、という記録が残っている。

1965年の国鉄車輌配置表によるとナニ2500型は7輛が残っており、品川客車区に2輛が配置されていた。

あるときは「荷物車代用」と描かれたワキ700型がヤードに並んでいた。それは先の大戦中に日本海軍が所有していた私有貨車として、国鉄大宮工場、大井工場でつくられた30t積みの二軸ボギー有蓋車。海軍が魚雷輸送のためにつくったとされ、中心からオフセットした幅3.5mの大きな両開き外吊りドアが特徴だ。

TR24型台車を履いていたことで、高速走行可能で、後年は荷物車として使用されたりもしたのだった。

上と右はワキ１型を改造したナニ2500型。ちゃんと両開きドアの荷室と車掌室を持っていた。下は「荷物車代用」と描かれたワキ700型。ともにTR24型台車を履いていた。

荷物車のこと

荷物車はお客を乗せる車輌ではないから、なかなかその室内を観察する機会はなかった。右の写真は、マロネやマロテを解体した昭島の解体所で解体待ちをしていたマニ3113の室内。

荷崩れなどが起きてもダメージが少なくなるよう防護のための桟が付けられていたり、窓ガラスには保護棒が並んでいたりする。床も滑り止めなのか、スノコ状になっている。乗務員のためだろうか、どこかから失敬してきたようなシートが置かれていた。

天井も内板がなく、おかげでダブルルーフの構造がよく解って、しばし興味深く観察したものだ。

たとえばマニ31型はダブルルーフ時代のスハ32系だが、その後の丸屋根時代にはマニ32など、その系列にあわせて荷物車が新製された。だがそれとは別に、余剰となった客車を改造してつくられたものも少なくない。

マニ60型は木造客車を鋼体化して1950年代からつくられたが、その後もいろいろな客車を改造して増備をつづけた。初期の狭窓に加えて、オハユニ61型などを改造した広窓タイプなど、多くのヴァリエイションがある。

マニ602042はもとナハ22000型木造客車を鋼体化改造してつくられたもので、基本的にはマニ32型などに準じた700mm窓が並んでいる。もちろん20m級切妻で、オハ61系である。

マニ60611はオハニ61型、オハニ6174を改造してつくられた荷物車。かつての客室部分は1000mmの窓になっていて、窓配置も不揃いだ。

さすが新製されたマニ32型は700mm幅の窓が並び、基本的に整ったサイド・ヴュウを見せる。車掌室側のドアは引き戸になっているのが解る。

「現金輸送車」マニ34

荷物車のなかには、こんな特別用途の客車もある。日本銀行所有の私有客車、マニ34型。1948年に日本車輌と帝国車両で全部で6輌がつくられた。窓のない大きな両開きドアを挟んで、中央部に日銀の職員と鉄道公安員のための開き扉が位置している。その警備員室を中央にして、前後に荷室があった。

完成時には、電車用の1000mmの引き戸だったが、積み降ろしの便のために大扉に変更された。また、警備員室も当初は寝台設備やコンロ台などが備えられ、長旅に対処していたが、のちリクライニング・シートを含む12人分の座席に変えられたりしている。

いずれにせよ興味深い現金輸送車。あまり縁がないから、せめて模型世界で大金を輸送するんだ、などといって模型をつくって楽しんでいた友人がいた。

窓の少ない、どこか近寄り難い雰囲気を持っていたのが思い起こされる。急行列車などに連結されて、地方都市などに大量の現金を輸送する任にあたった。

1970年にはマニ30型に改番されたりしたのだが、その改番を含め、謎の多い客車であった。国鉄の型式図には台車はTR47で描かれているが、じっさいはTR23系を履いていた。

「現金輸送車」として特異な外観を見せるマニ34型。窓のない大きな荷室ドアなど、大いに異彩を放っていた。中央部に警備員のためのドアが設けられている。のちにマニ30型になる。

郵便車のこと

文字通り、郵便物を運ぶためにつくられたのが郵便車だ。郵政省の所有する客車が主流であった。郵便車というと、車内で職員が郵便物の区分け作業を行なうために、幕板部分に明かり取りの小窓が並ぶスタイルが特徴であるが、それとは別に郵袋、小包に分けられた荷物を輸送する荷物車然としたものもあり、大きく二種類の外観に分けられた。

郵便仕分けの機械化、近代化、それにトラックや航空機などの発達によって、1984年には仕分け作業を行なう「取扱便」が廃止、1986年には残る「護送便」「締切便」も廃止され郵便車を使った鉄道による郵便輸送は消滅した。

赤い「〒」マークがなければ荷物車と見紛いそうな「護送便」輸送用の郵便車。スユ43型は1956年につくられたが、それまですべて「取扱便」用だったので、初めて「護送便」用郵便車となったもの。中央に乗務員室、引き戸のデッキ部分に車掌室が位置する。郵袋が積み込まれる荷室は、乗務員室を挟んで前後二室に分かれている。

オユ12型は軽量客車として新設された「護送便」用郵便車。電気暖房装置付の同型車は重量が重くなったことからスユ13型を名乗る。1958～63年につくられ、暖房装置の搭載／撤去でオユ12⇄スユ13の改造もあった。

スユ43 5はスハ43系のスユ43型として1956年に6輛がつくられたうちの1輛。同系の「取扱便」用郵便車がスユ42型になった。

ナンバーも面白いオユ1234。1962年に汽車会社でつくられた。車掌室側のデッキ扉は、写真で見ての通り引き戸になっている。

郵便車といったらこれ、幕板部分に明かり窓が並んだ、郵便車らしい郵便車がいい。

代表的な郵便車としてマユ35型を例に取ってみると、中央に乗員休憩室などを備え、両側の両開き荷物室ドアの部分が郵袋を載せる郵袋室。その中央寄りには、仕分けできる区分棚が側窓上端まで立ち上がっている。窓4つ分の下には両側に2人ずつ、3つ分の部分には片側2人、計6人の郵便局員が作業できるようになっている。冷房装置のない時代、上部の窓が内側に倒れ込むように開き、明り取りだけでなく通気の役も果たしているのだった。

マユ34型としてつくられたが、独立した車掌室を設けて、マユ35型になったもの。それも、1938年につくられたマユ34 1～4は郵政省の車輌で、1948年に増備された国鉄マユ34 5～19の計19輌があったが、1949年には全車マユ35 1～19に改造、改番された。

1953年から登場したスユ42型は、室内のレイアウトが少し変更され、仕分け区分室がひとつになり最大7人分の席がつくられた。1954年製は台車変更によりスユ4211～と付番される。さらにスユ4214～は窓がHゴム固定になり、腰部分に通気口が設けられた。

マユ35型は戦前の1938年につくられたものと、1948年に増備されたものがあり、マユ34型となっていたのが、車掌室増設などの改造でマユ35型になった。戦後からは折妻で、上左のマユ35 7、上のマユ3512ともに、戦後型であった。

上はスユ4212だが、1953年からつくられたスユ42型は、3タイプに分かれる。つまり同年3月製の初期のスユ42 1～6はTR23系の台車。11月増備車はTR40系の台車になり、番号もスユ4211～13となった。翌年のスユ4214～16は明かり窓がHゴム支持と、過渡期を表わす。右のオユ102020は軽量客車で、室内はオユ42型に準じている。

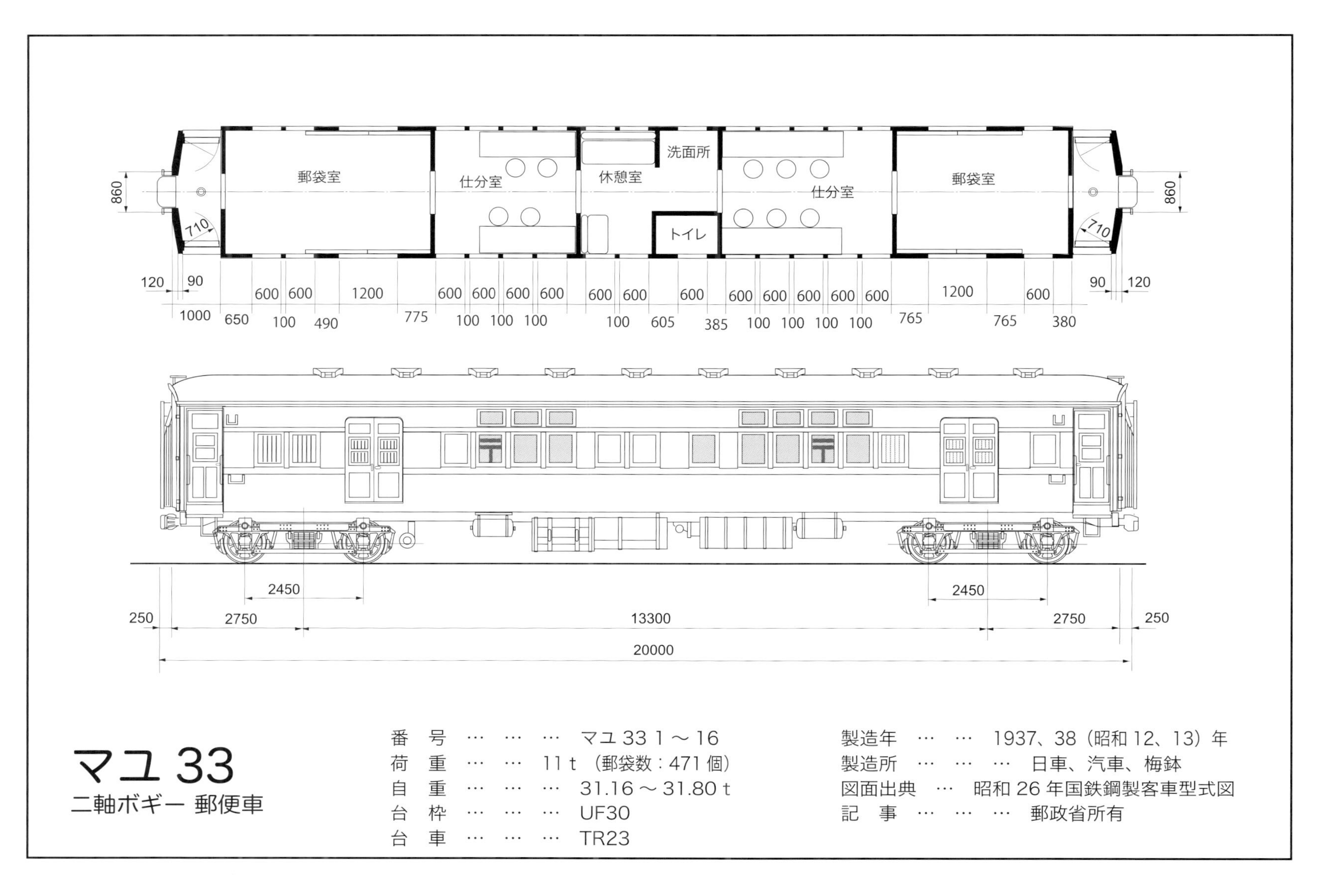

マユ 33

二軸ボギー 郵便車

番　号 ……… マユ 33 1 ～ 16
荷　重 ……… 11 t （郵袋数：471 個）
自　重 ……… 31.16 ～ 31.80 t
台　枠 ……… UF30
台　車 ……… TR23

製造年 …… 1937、38（昭和 12、13）年
製造所 ……… 日車、汽車、梅鉢
図面出典 … 昭和 26 年国鉄鋼製客車型式図
記　事 ……… 郵政省所有

試験車のこと　マヤ38

客車型式における「ヤ」は、試験車や職用車などいろいろな車種が含まれる、その他大勢というような印象がある。

試験車マヤ38型を称して「ダイナモメーター」車という。つまり動力試験車として機関車の引張力、速度など性能などを測定するもの。

TR71系の台車をはじめとして、一見してクラシックな印象の車輛。書類上は1937年国鉄大井工場でつくられたとされるが、じっさいは事故廃車の客車の台枠等を使ったもの、といわれる。1959年と1965年に内部機器などが改造され、最後は青色塗色に改められた。

車体腰部の構造材然とした横梁は、測地用の配線などを通すためのものである。

品川客車区の片隅で、カニ22型と手をつないでおかれていたマヤ38 1。この後、1965年にも再改造を受けた。

オヤ 31、スヤ 71、コヤ 90

線路周辺の建築限界を測定するのが俗称「オイラン車」と呼ばれるオヤ 31 型だ。最初はその意味がよく解らなかったのだが、測定時には枠に取付けられた測定用の矢羽根が、まるで花魁のカンザシのようだというところから付けられた愛称なのだった。

品川客車区にはオヤ 3121 があり、建物から顔を出していた。

スヤ 71 型はその外観から想像される通り、電車を改造してつくられた振動試験車。戦災でダメージを受けていたクハ 55069 を復旧の上、1949 年に試験車としたもの。

測定すべき台車を入換えて、その動きや振動などを測定するもので、床部分に観測窓が設けられている。

品川客車区にはオヤ 3121 が配属されていた。端面の枠に設けられた測定用の矢羽根は折り畳まれた状態である。

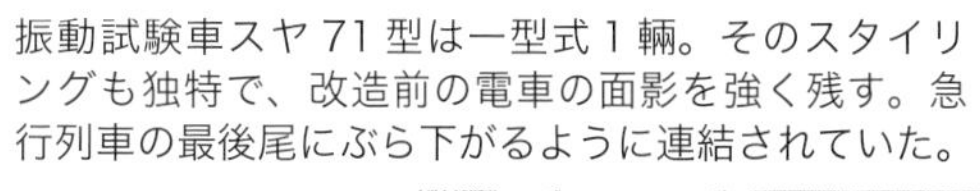

振動試験車スヤ 71 型は一型式 1 輛。そのスタイリングも独特で、改造前の電車の面影を強く残す。急行列車の最後尾にぶら下がるように連結されていた。

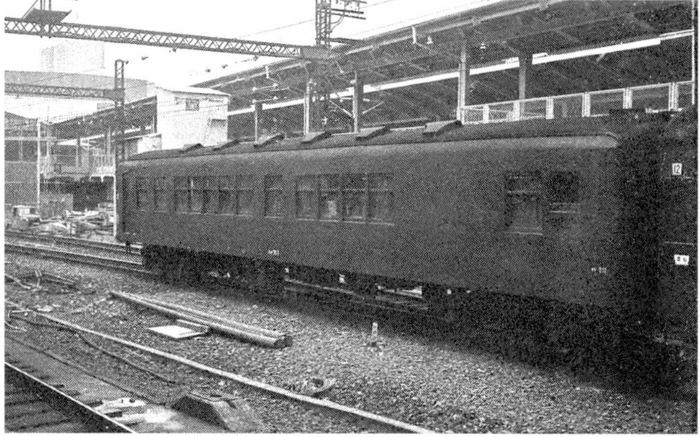

コヤ90型という型式からも解るように、多分に臨時措置的につくられた建築限界測定車。そもそもは1961年、東海道新幹線の開業に先掛けて、在来線を使って新幹線車輛輸送を行なうときに、建築眼界に支障がないか測定するために用意された。

いうまでもなく、在来線車輛よりもひと回り大きな新幹線だ。工場などから完成した車輛を新幹線車輛基地まで回送するのに支障はないか、まずはコヤ90型を走らせてチェックしたのだ。

1輛のみ、コヤ90 1が1961年に国鉄大船工場でつくられた。それは17m級のオハ31系の二等車、オロ31104を改造してつくられたもので、新幹線車輛のサイズまで台枠を延長し、大きな測定枠を付けた。車体そのものはほとんどフラットカーで、測定員が目視しながら通行可能かチェックした。

上は大船、下は国府津で留置されているのに遭遇した。

東チタ

田町電車区

東京鉄道管理局　　**田町電車区**　　**388輌配属**　　[1967年3月末]　　（　）内は輌数

151/181系電車　モロ181（8）　モロ180（8）　モハ181（21）　モハ180（21）
クハ181（17）　クハ180（4）　サロ181（2）　サロ180（5）　サハ181（3）
サハ180（4）　サシ181（8）　サロ151（1）　サロ150（1）
計103輌

153系電車　モハ153(50)　モハ152(50)　クハ153(46)　サロ153(13)　サハ153(8)
計167輌

155系電車　モハ155（4）　モハ154（4）　クハ155（6）　サハ155（2）　計16輌

157系電車　クモハ157(10)　モハ156(10)　クロ157(1)　サロ157(6)　サハ157(5)
計32輌

165系電車　モハ167（4）　モハ166（4）　モハ165（5）　モハ164（5）　クハ167（8）
クハ165（10）　サロ165（14）　計50輌

郵便荷物電動車　クモユニ74（15）　計15輌

試験車等　クモヤ93（1）　クモヤ90（2）　クヤ99（1）　計4輌

救援車　クモエ21　計1輌

151系、161系のこと…

わが国の電車史にとって、それは画期的なものとして出現してきた。それまで、長距離列車はすべて機関車の牽引する客車列車であった。電化区間がまだ少なく、1輌の機関車で通し運転ができなかったことに加え、むかしから優等客車と通勤電車に象徴されるように、客車列車の方がずっとランクが上、という概念があった。

そんな1958年11月1日、初めての電車特急、のちの151系が特急「こだま」として走りはじめた。当初は20系電車とされ、クハ26＋モハ20＋モハシ21＋サロ26＋サロ26＋モハシ21＋モハ20＋クハ26を名乗った。モーターの振動と音が二等車に相応しくない、という理由で「サロ」になった、という話は、まだ電車というものに信頼が置き切れてなかった当時を思わせる。

東京〜大阪間を客車特急より40分速い、6時間50分で走破したことから「こだま」は大きな人気となった。「こだま」は大阪を往復できる、ということからついた愛称だ。

そのヒットを受けて、1960年6月1日からは看板列車であった「つばめ」「はと」が電車化される。展望車に代わる豪華な特別車として、クロ151を「パーラーカー」の名で投入し、とりあえずは「こだま」と「つばめ」2往復ずつが走りはじめた。食堂車も連結され、12輌編成で6時30分運転が行なわれた。この時点で72輌の151系が田町電車区に揃った。

それは山陽線、宇野線の電化進捗に伴い、1961年10月には11輌編成×11本(予備7輌)で128輌、1963年10月には12輌編成×12本（予備7輌）で151輌に達していた。

151系は永遠の憧れの存在だ。左下は田町電車区見学の際、乗せてもらった運転台からの景観。上、特急「こだま」の通過待ち。各駅停車の電車内からその麗姿を見送ったものだ。下、クロ151を先頭に快走する「こだま」。数多くの151系特急があったが、元祖「こだま」が一番。

● 151系時代の最後

夜明け前は一段と暗さが増すといい、ろうそくは消える前にひと際輝くという。まさにそんな如くに、新幹線開業直前の賑わいがそこにあった。1963年時刻表を繰ってみよう。

東京駅14番、15番線。
朝7時00分発1M「第一こだま」大阪行、
7時45分発1001M臨時「第一ひびき」大阪行、
8時00分発2001M「第一富士」宇野行、
9時00分発2003M「第一つばめ」広島行、
13時00分発3M「はと」大阪行、
14時30分発5M「第二こだま」大阪行、
15時20分発1003M臨時「第二ひびき」大阪行、
15時30分発2005M「第二富士」神戸行、
16時30分発7M「第二つばめ」大阪行、
18時00分発2007M「おおとり」名古屋行

と、臨時を含めて10往復もの特急電車が東海道を走っていたのだ。「富士」は間合いを利用して大阪〜宇野間の「うずしお」としても運転。151系にとって、東海道線を舞台にした、まさに最後の大活躍の時期であった。

のちのちの新幹線の列車密度には遠く及びもしないが、12 輛編成の 151 系、予備車を含めて 151 輛すべてが田町電車区に配置されていた。新幹線開業後は、新大阪を起点に九州方面行として運転されるようになり、30 輛を残して 120 輛が大阪、向日町電車区に配置転換された。差し引いて不足の 1 輛は 1964 年 9 月、事故によって廃車になったクロ 151-7 である。

話は少し前後するのだが、1962 年 6 月から上野〜新潟間に特急運転「とき」が運転を開始する。それは、151 系と同じスタイリングの 161 系であった。上越線の勾配区間に備えて 151 系とは歯車比が異なっていたり、抑速ブレーキを備えていたりした。外観上は、ボンネット先端に「ヒゲ」をつけていたほか、スカート部分が短くされ、スノウプラウを装着して耐雪に配慮されていた。上野発なのに 161 系のすべて 15 輛が田町電車区の配属であった。

151 系のうち、田町電車区に残った 30 輛はパワーアップして 181 系を名乗るようになる。100kW だったモーターを 120kW にし、抑速ブレーキなども装着して「とき」の増発に充てるためであった。ちょうどその転換時期に田町電車区を訪問したことがある。まだ 151 系の番号のままなのに、161 系の「ヒゲ」を生やしたスタイルに遭遇、戸惑ったことを憶えている。あとから調べて、なるほど、ということになった。

これにあわせて、15 輛の 161 系も 181 系に改造され 40 番代を名乗り、1965 年 3 月から「とき」は 2 往復の運転となったのだった。もちろん、受持ちは田町電車区で、数合わせのために新製された 3 輛を含め、48 輛が籍を残した。

この後、上野〜長野間に「あさま」、新宿〜松本間に「あずさ」が運転されることになり、1960 年末には田町電車区の 181 系特急電車は 100 輛を越えるまで増えていた。

新幹線が開業すると、151系はパワーアップして181系に改造、山陽筋を中心に働くようになった。田町電車区に残ったものの多くは、上の161系ともども181系になって上越特急「とき」などに使われるようになった。

左の写真はちょうど改造前後なのだろう、クハ151-6のナンバーなのだが、上越特急用の「ヒゲ」も描き込まれている。上はスノウプラウが付き、連結器カヴァも外されている。前照灯に赤いフィルタがついているのは、最後尾になっているシルシ。一番上の「とき」161系の写真と較べて、スカートのちがいなどが注目ポイントだ。

田町電車区内では、日頃目にすることがない中間車の端面などが観察できた。上はモハ151、中段は左がモロ151-8、右がサロ151-6。151系時代の最晩年の姿である。

スカートの短い161系、クハ161。向こうには新着の165系が並ぶ。ともに勾配区間に挑む電車。

上はクロ151を先頭に、颯爽と東京駅を出発していく特急電車。クロ151の大きな窓はひと際目立ち、憧れの気持が高まる。

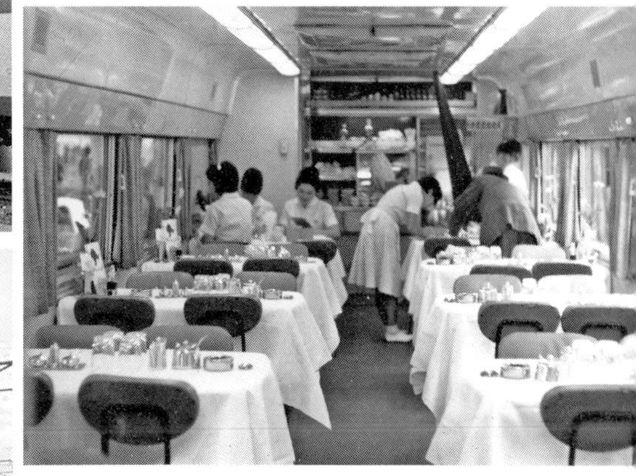

151系は電車食堂車も特徴であった。サシ151型の上が通路側、左が調理室側の写真。室内は東京駅で出発前の準備中を失礼してそっと撮影させてもらった。下はサシ151とモハシ150がつながった特急編成の7号車、6号車。食堂車と半室ビュッフェが並ぶ部分は、ひとつのハイライトといえた。

クロ 151「パーラーカー」

鮮烈なデビュウを飾った「パーラーカー」よりも、消えてしまった展望車に乗りたかったなあ、と嘆く少年であった。それでも、「パーラーカー」に興味がなかったわけではない。

小学校のとき母親に連れられて郷里に帰るとき、ねだって乗せてもらった「こだま」ではカメラを持って「パーラーカー」を探検しに行ったし、いよいよ引退というときには「S1」席を奮発したくらいだ。「S1」席というのは、クロ151 に一人用のシートの開放室とは別に用意された四人用の個室で、開放室に普通座席を据えてクロハ 81 型に改造されたのちも、特別席として残されていたのだ。

クロ 151 型は客車特急「つばめ」「はと」を電車化した 1960 年に登場した展望車に代わる豪華装備の車輛。「B ロネ」に匹敵する 1650 円の特別座席料金が掛かった。

東海道を颯爽と走っているときはそこそこの需要もあっただろうが、新幹線開業後、山陽筋などに転じてからは「パーラーカー」の乗客も少なくなった。そこで 1960 年代後半には、特別室だけを残して普通座席に交換、クロハ 181 に改造されたのだった。

「パーラーカー」の愛称とともにクロ 151 は憧れの頂点。客車特急の展望車に代わるもので、一人掛けのリクライニング・シートは自由に回転できた。一番前の大窓は四人分の個室のためのもの。左の「つばめ」は上下がグレイに塗り分けられたマーク付。

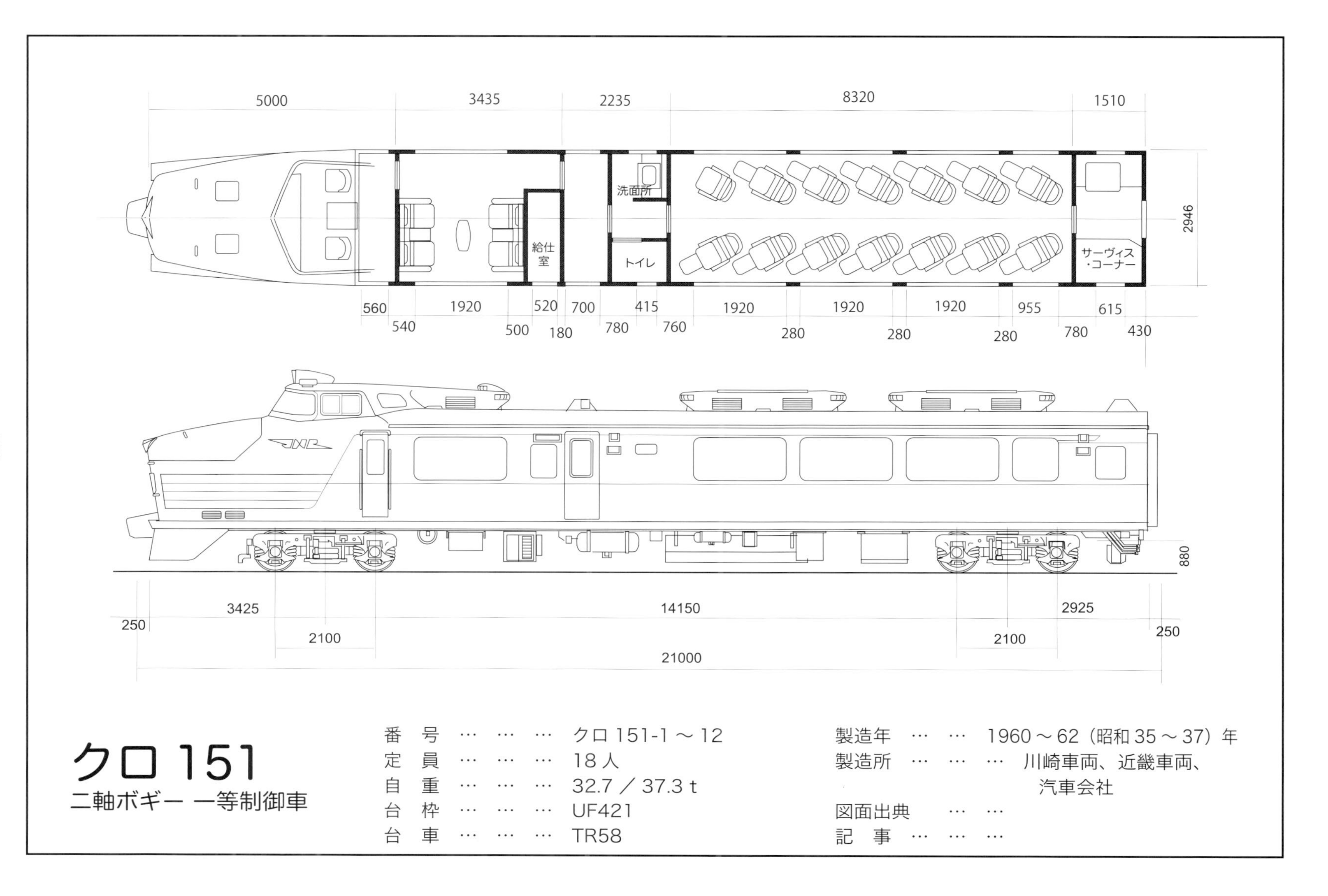

クロ151

二軸ボギー 一等制御車

番　号 … … … クロ151-1～12
定　員 … … … 18人
自　重 … … … 32.7／37.3 t
台　枠 … … … UF421
台　車 … … … TR58

製造年 … … 1960～62（昭和35～37）年
製造所 … … … 川崎車両、近畿車両、汽車会社
図面出典 … …
記　事 … … …

代役、クロ150のこと

それは1964年4月24日のこと。静岡県内の東海道線踏切で、下り特急「第一富士」がダンプカーと衝突、大破した先頭のクロ151-7は再起不能になった。予備車もなかったことから、サロ150-3を国鉄浜松工場でなんと先頭車に改造、クロ150-3として代役を勤めさせることになった。

運転開始は7月1日、わずか2ヶ月あまりの突貫工事であった。新幹線開業を3ヶ月後に控えて、その間だけの特別編成は大いに興味を惹くものであった。たしかに縦横1m×2mという大窓を持った「パーラーカー」は憧れの的ではあったけれど、編成美という点ではこのクロ150はなかなか悪くない。模型好きの夢話として、クロ150を先頭にしてモロ151＋モロ150のユニット2組、それにサシを挟んだオール一等車の編成は… などと夢想したのだった。

クロ151-7が事故大破で廃車になってしまったことから、急遽、サロ150を改造してつくられたクロ150。ナンバーももとのままクロ150-3、1輛のみが3ヶ月ほどの間、活躍したのだった。改造ということで、運転台後方のクーラーがクロやクハとちがっているなど興味深い。

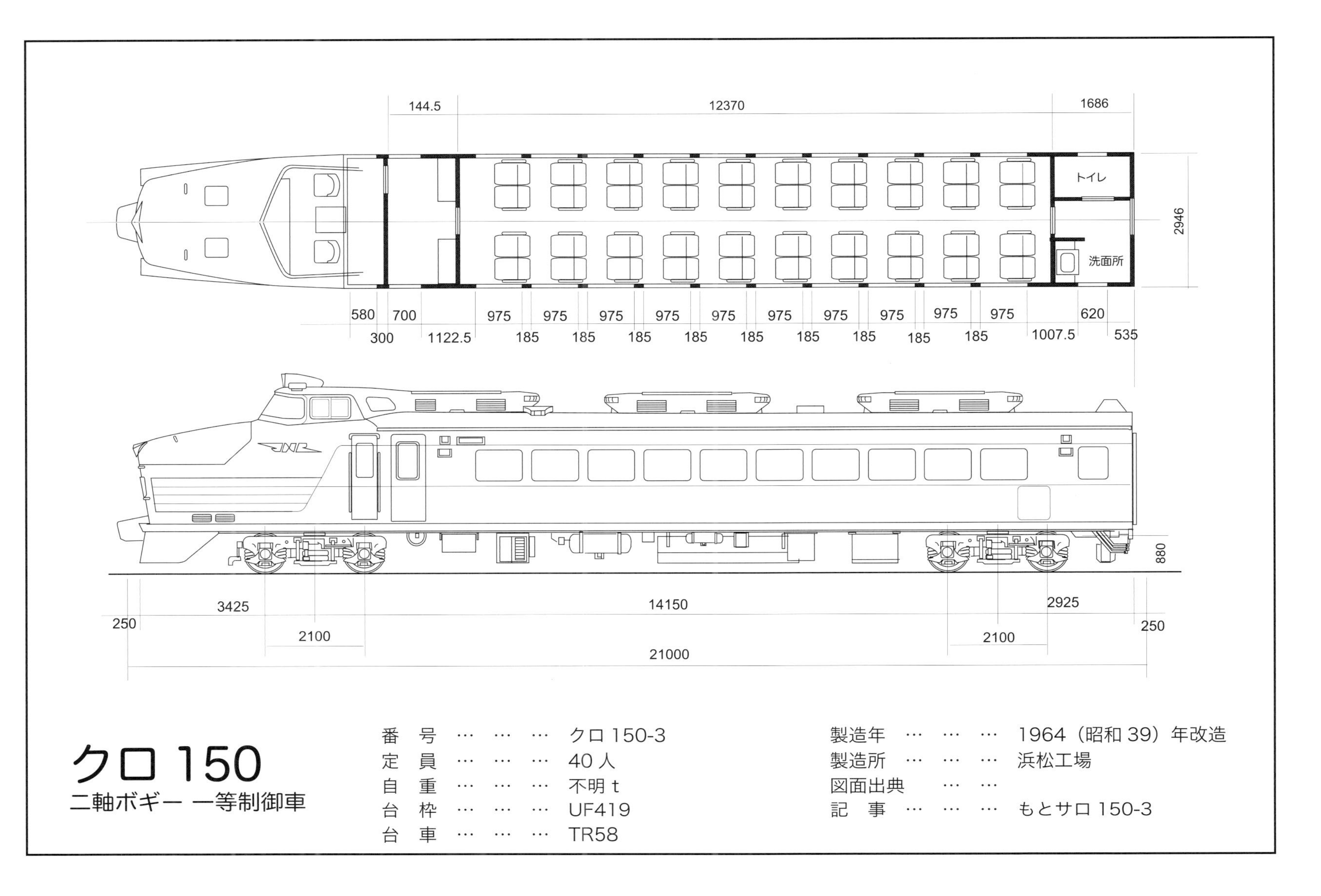

クロ150

二軸ボギー 一等制御車

番号 …… …… …… クロ150-3
定員 …… …… …… 40人
自重 …… …… …… 不明t
台枠 …… …… …… UF419
台車 …… …… …… TR58

製造年 …… …… …… 1964（昭和39）年改造
製造所 …… …… …… 浜松工場
図面出典 …… ……
記事 …… …… …… もとサロ150-3

クロ150-3

変わったものが登場してくると、なんとか見てみたい。好奇心旺盛の少年は、早速東京駅で観察に及んだ。なかは変わりないだろうに、運転手さんにお願いして運転室を覗かせてもらった。いまとなっては連絡用の電話が時代を感じさせる。下のイラストは、このクロを使ったオール優等の特急電車を夢想して描いたもの。

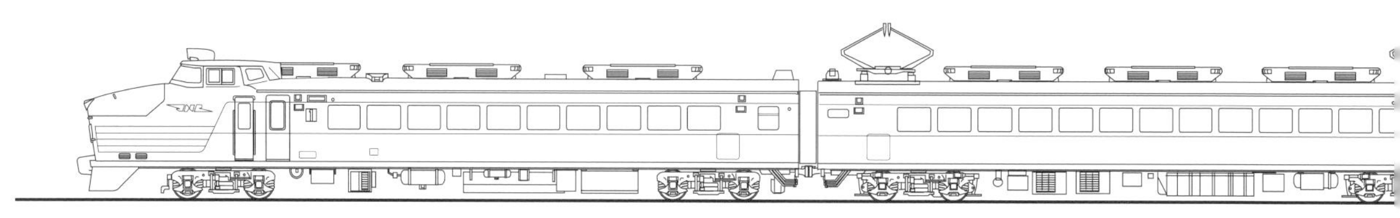

「東海型」153系のこと

その名を「東海型」と愛称された懐かしい顔が登場したのは1958年のことである。広く153系として知られているが、デビュウ当初は91系、1959年の車輛称号規定の改正によって三桁の153系になった。ちなみに151系も当初は21系であった。

153系の功績はなんといってもその顔付き。以後の多くの車輛にとってお手本となった。もうひとつ、側窓がユニット式とされたこと。二段式のアルミサッシを含みユニット化することで、生産効率、またメインテナンス性においても大いに省力化できた、という。2ドアの中長距離用電車として標準的に量産されたことから、以後の客車列車から電車への転換に拍車をかける役を果たした。

1961年以降は運転台床を300mm高くして見通しの改善を図った。500番代の番号がつけられ「高運転台」と愛称された。1962年までに153系は全部で630輛もがつくられ、ステンレス外板の試作車サロ153-900番代2輛、30輛のビュッフェ付のサハシ153、「特ロ」並みの装備を採用したサロ152などが含まれる。

当初は「準急」列車として使用されたが、1966年3月に100km以上走るものは急行に、さらに1968年10月には準急そのものが廃止されてしまう。登場時は準急「東海」として使われ、それゆえに「東海型」と呼ばれたことは記憶しておいていいだろう。ただし、最初の「東海」は大垣電車区によって運用され、田町電車区は湘南準急「伊豆」で1959年6月に使用開始したのが最初だった。

クハ153＋モハ152＋モハ153＋サロ153＋サロ153＋モハ152＋モハ153＋モハ152＋モハ153＋クハ153という10輛の基本編成に東京側にクハ153＋サロ153（サハ153のときもあった）＋モハ152＋モハ153＋クハ153の付属5輛編成を併結。付属編成は伊豆箱根鉄道に乗入れて修善寺まで走った。

1960年6月のダイヤ改正で田町電車区の10輛編成を使って、急行「せっつ」が東京〜大阪間で運転開始されるが、それは国鉄初の電車急行であった。

153系電車は「東海型」の愛称がついた。それは準急「東海」で活躍をはじめたから。品川駅に進入してくる姿。

153系は1961年から、前方の見通と安全性などを考慮して、クハ153の運転台を300mm高くし、500番代とした。上が初期の「低運転台」、下が「高運転台」だ。

準急という種別は1968年には廃止され、急行に組み入れられてしまうが、準急時代の懐かしい写真をいくつか。右下は、愛称なしの列車や普通列車に使われたときのマーク、通称「ブタマーク」。153系すべてが懐かしく思い出される。

「かえだま」のこと

「こだま」の代役ということで、「かえだま」の愛称をもらったのが 153 系による特急列車だ。事故や故障などによる運用の都合で 151 系に代わって東京〜大阪間の特急として 153 系が走ったことがある。1964 年 4 月に下り特急「第一富士」が静岡県の踏切でダンプカーと衝突。先頭のクロ 151-7 が大破し、使用不能となったことから、ピンチヒッターに 153 系が登場した。

クハ 153 ＋モハ 152 ＋モハ 153 ＋サロ 152 ＋サロ 152 ＋サハシ 153 ＋モハ 152 ＋モハ 153 ＋モハ 152 ＋モハ 153 ＋クハ 153 の 11 輛編成。装備の差から特急料金が割引かれた。

その後クロ 151-7 は廃車、そのために 157 系や 161 系が 151 系に組込まれて走り、急遽サロ 150 をクロに改造して使用して新幹線開業までの半年間を埋め合わせたのだった。

別項、クロ 151-7 の事故の際、修復までの一時は 153 系が代役として立てられた。これまた貴重なシーンと学校をエスケイプして東京駅で 153 系「こだま」を捉えた。

5Mという列車番号表示も、いまとなっては貴重な記録。鉄板一枚のヘッドマークをかざして、153系は、健気に東海道を往復した。

「修学旅行用電車」155系

153系と同じ顔付きながら、オレンジ系濃淡の塗色と角ばった屋根が特徴の155系は、1959年に24輛がつくられ、そのうち12輛が田町電車区の配属となった。なにが特徴といって、「修学旅行用電車」という目的がはっきりしている点だろう。基本は「東海型」に準じながら、その目的に沿っていくつもの小変更が施されている。

まず、修学旅行の学生を少しでも多く運べるよう定員増が図られ、新幹線のように片側3人掛け、一列5人掛けとされた。途中駅での上下車の機会が少ないことから片側2カ所の扉は、153系の1000mmから700mmと狭くされている。ほかにテーブルの設備や座席上の荷物棚など独自の工夫が凝らされた。12輛編成で1208名の定員となった。

建築限界の小さなトンネルなどでも使用可能なように、屋根が低く設計されているのは、荷物棚の変更で可能になったことでもあった。

この155系は田町電車区のほか、大阪の宮原電車区に12輛ずつ配属されたが、その後も増備がつづけられ48輛という世帯になった。さらに、159系、パワーアップされた167系が修学旅行用としてつくられたが、それらは普通の一列4人の座席となり、急行列車などに用いられることも少なくなかった。

これらは、修学旅行が新幹線利用に移行されたことによって、たとえば155系は通常の座席に変更されるなどした。

「東海型」と同じ顔つきながら、塗色と角張った屋根で印象が変わる155系。「修学旅行用電車」で、定員を増やすため一列5人掛け、座席上に荷物棚などの特徴があった。

155系は好評だったことから、中京地区の修学旅行のために159系が増備された。これは4人掛けとなったことから、修学旅行用「こまどり」のほか、準急「ながら」などにも使用された。右の写真は159系「ながら」が品川駅通過のシーン。奥に客車区が見える。下は、田町電車区の155系。狭いドア、グローヴ形ヴェンティレイターなどが159系とは異なっている。153系とちがいスカートは装着されない。塗色は黄とオレンジ。

157系　デラックス準急「日光」

157系は一連の新性能電車のなかにあって、ちょっと特別な存在であった。登場したのは1959年で当初22系という型式が予定されていたのだが、完成が同年6月の車輌称号規定改正後だったので、最初から157系を名乗った。「デラックス準急」という形容で、日光への観光客輸送用としてまず14輌がつくられたもので、装備は特急電車並、塗色も特急色に塗り分けられていた。

当初の準急「日光」はクモハ157＋モハ156＋サロ157＋サハ157＋モハ156＋クモハ157の6輌編成で、東京〜日光間のほか新宿〜日光間の「中禅寺」が運転されていたが、1960年に16輌が増備されると東海道線の特急としても走るようになった。それは前年、冬期に「中禅寺」が運休されることから、臨時特急「ひびき」として運転したところ好評だった。増備を待ち受けていたかのように最大10輌編成で運転されるようになった。先の6輌編成にサロ157＋サハ157＋モハ156＋クモハ157を連結したもので、1963年に定期特急に格上げされた「ひびき」用にサロの不足を補うために1輌が増備され、全部で32輌の世帯となった。

そのすべてが田町電車区の配属。冷房装置を取付け、同時にそれまでの「クリーム4号」「赤11号」という塗り分けから、151系などと同じ「赤2号」の特急色に変更されている。

当時の「ひびき」はクモハ157＋モハ156＋サハ157＋サロ157＋サロ157＋モハ156＋クモハ157＋モハ156＋クモハ157という9輌編成で走ることも多かった。

新幹線開業後も157系は田町電車区に残り、「日光」のほか東京〜伊豆急下田、修善寺間の急行「伊豆」として運転されることになった。それぞれ伊豆急行、伊豆箱根鉄道に乗入れるものだが、東京〜伊東間は堂々の13輌編成であった。

「デラックス準急」の名で登場した157系は独特のポジションにあった。クモハ＋モハというユニットを中心に、当初6輌編成が基本であった。室内が特急なみの装備だったことから、冷房装置装着後は特急「ひびき」としても活躍した。左は東京駅の準急「日光」。

左はクモハ157「ひびき」が田町電車区で待機中。下は六郷川橋りょうを渡る「ひびき」。7輌＋2輌の9両編成で運転。

日光

いでゆ
IDEYU

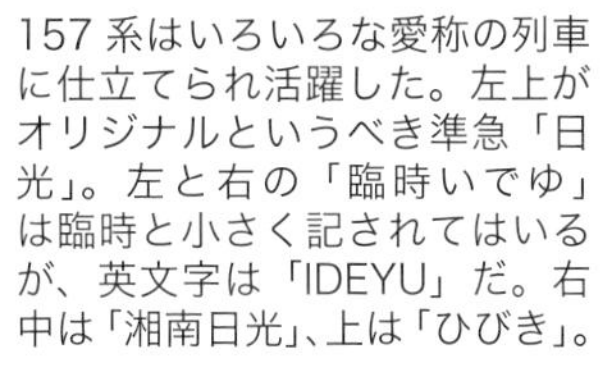

157系はいろいろな愛称の列車に仕立てられ活躍した。左上がオリジナルというべき準急「日光」。左と右の「臨時いでゆ」は臨時と小さく記されてはいるが、英文字は「IDEYU」だ。右中は「湘南日光」、上は「ひびき」。

「貴賓車」クロ 157

もうひとつ 157 系を語るときに忘れられないのが貴賓車クロ 157 だ。153 系の顔を持ちながらも四枚折扉、大きな側窓を持つ独特のアピアランスは、特急塗色とも相俟って特別感に満ちていた。外国からの賓客にも使われたが、お召列車として使用されることも多く、まさしく特別の存在であった。

室内は中央室と呼ばれる主賓室を真ん中に、前後の控室、準備室などゆったりとしたレイアウトで、定員は 16 名とされた。中央室の中央窓は電動で下降する、開閉可能窓となっている。これはかつての一号御料車と同じ構造だが、裾が絞られた断面のために、降り切ることができず、窓は 100mm ほど出た位置が最下降位置だという。

基本的にはクモハ 157 ＋モハ 156 と組合わせて使用されたが、当初は 3 輌編成だったが、のちにはクロ 157 を真ん中に挟んで 5 輌編成ということが多かった。

いちど、田町電車区でクロ 157 の出発準備を見学する機会があった。想像より遥かに多くのマンパワーが掛けられて、車体の内外を文字通りくまなく綺麗に磨いている。少年心にも、どこか畏れ多い気分でいたのに、バケツにモップ片手で手洗い洗車するシーンに不思議な気分になったものだ。

157 系に組込まれて走る貴賓車としてつくられたのがクロ 157。もちろん 1 輌のみで、お召列車として使用されることも多かった。普通は 5 輌編成で、写真の 3 両編成はめずらしい。山手線渋谷～原宿間で撮影したものだ。

クロ157撮影会のようなイヴェントだったと思う。出発準備中の様子を撮影するチャンスがあった。

クモハ 157 ＋モハ 156 のユニットに挟まれて、5 両編成で運転されるのが基本だった。万一のことも考慮して、当初 1 艇パンタだったモハ 156 に、パンタグラフがもう 1 艇装備された。「東海型」の顔は中間でも凛々しかった。下の清掃シーン、屋上にも登るヒトに、架線を心配した。

電車の革新 80 系、70 系

そのむかし、電車は都市部中心、せいぜい近郊型まで、とされていた。1950 年からつくられた 80 系が、長距離で使うことを目指す電車の先駆ということができる。その成果をもとにして、つづいて横須賀線用の 70 系が登場した。

「湘南電車」の愛称をもらった 80 系が 2 ドア、クロスシートだったのに対し、70 系は 3 ドア、セミ・クロスシートとされた。

153 系などの新性能電車の登場に伴い、80 系電車は田町電車区の配属はなくなり、70 系も 1960 年代に入ると新設した大船電車区に移動、品川、田町は通過するのみとなっていた。

佳き時代、車輌が充分に揃っていなかったことから 70 系電車だけでなく、クモハ 43 型やサロ 45 型なども「スカ色」に塗り分けて、編成に組込まれたりしていた。

上は田町電車区で遭遇した 80 系「湘南電車」。それも正面三枚窓から二枚窓に移行した最初のクハ 86021、022 で「鼻筋」のない独特の顔付きのクハであった。右は品川駅を発車した 70 系のサロ 45。標準の広窓、サロ 75 とはちがう狭窓の 32 系、42 系電車が編成に組込まれていたりしたものだ。

趣味的な観点の興味でいうと、編成に組込まれていた旧型の異端車が面白かった。下の写真はどういう理由か、「湘南電車」のクモユニ81ならぬクモニ13が70系電車に併結されて走っていた。この編成のサロは70系の一員、サロ75だ。

左は残されていたクモハ43がクハ76と並ぶシーン。横須賀～久里浜間の区間運転はクモハ43＋クハ76の2両編成であった。

右は別の編成で使用されていたサロ45。

左は横須賀～久里浜間の区間運転用クモハ43だが、まだまだ東京駅でも「スカ色」クモハ43を見ることができた。下、70系横須賀線電車の先頭に増結されて走るクモニ13型。右上は六郷川を渡るシーン。111系などの登場により、1950年代後半には横須賀線から姿を消す。

クモヤ93のこと

湘南型の二枚窓に三灯の前照灯という顔つきにズラリと狭窓が並んだサイド、茶色（「ブドウ色2号」）にクリーム色の帯を巻いた精悍なスタイリング。中央に観察用ドームを挟んで、2基パンタという出立ちは注目を集めるに充分な個性を備える。

型式はクモヤ93型。一型式1輛の試験電車である。架線試験車と呼ばれ、走行しながら架線やパンタグラフの状況を観察するための試験車だが、高速性能に優れていることから、175km/hという狭軌鉄道での世界最速記録を1960年11月に樹立した。

もともとは1932年製の電車クモハ40010（当時はモハ表示）で、1958年に試験車に改造され、翌年クモヤ93000に改番された。

そのときは田町電車区で、パンタグラフをあげて、出動待ちのような状況だったのだろうか。いずれにせよ、滅多にお目に掛かることのない稀車に、思わず釘付けになっていた。

DT29型と呼ばれた台車は、川崎車両の試作品といわれる。

室内は計測器、測定器が並ぶほか、係員の寝室まで用意されていた。

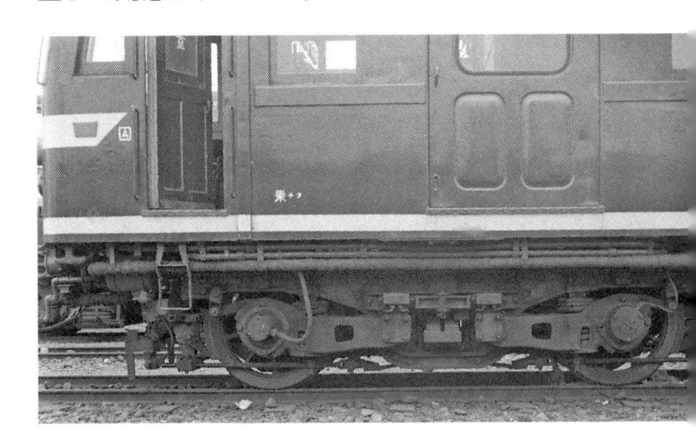

珍しやクモヤ93が田町電車区で待機中だった。スタイリングといいい、台車といいい、全部が興味深い電車だった。

形式
自重 51.0t
換算 積5.0
空5.0
38-8
大井工

試験車、救援車

田町電車区には、日頃お目に掛かれない試験車や救援車なども在籍し、カメラに収めることができた。

車庫のなかにいたのはクヤ99型。車両性能試験車というもので、もともとはサハ48008を国鉄大井工場で改造して誕生。1959年に改番でクヤ99000となったが1輌のみ。冷房装置もつけられた後期の姿。車体横には鉄道技術研究所と所属が描かれていた。

クモヤ22型は17m級の事業用電車につけられた型式で車種、目的は多種であった。田町電車区のクモヤ22110はもとモハ10型を改造した牽引車。電車区内の入換えに従事していた。

救援車の表示をしたクモエ21型だが、田町電車区では牽引車としても活躍しているようで、165系などの電車を牽いて入換え作業に忙がしそうであった。もとクモハ11型を改造してつくられたものだ。

田町電車区のめずらしい電車三題。左は試験車クヤ99000。鉄道技術研修所の所属であった。下は牽引車クモヤ22110。クモヤ22型にはいろいろな用途の車輛があったが、これはモハ10型改造の牽引車。右は本来は救援車クモエ21000だが、ときに牽引車として働いていた。

救援車

クモエ21000救援電車は、中央の大きなドアを持ち、室内にはクレーンなど救援器具を装備した電車。いつもは電車区内で待機している車輌だが、牽引車として重宝されているようであった。

東京機関区

東京鉄道管理局	東京機関区	42輌配属		(1967年3月末)	
EF65型22輌	EF6560	EF6561	EF6562	EF6563	EF6564
	EF65501	EF65502	EF65503	EF65504	EF65505	EF65506
	EF65507	EF65508	EF65509	EF65510	EF65511	EF65512
	EF65527	EF65528	EF65529	EF65530	EF65531
EF58型16輌	EF5861	EF5863	EF5868	EF5873	EF5889	EF58102
	EF58104	EF58105	EF58106	EF58108	EF58109	EF58122
	EF58123	EF58124	EF58148	EF58154
EF53型 1輌	EF5313
EF10型 3輌	EF1015	EF1035	EF1036

新性能電気機関車 EF60 と EF65

101 系以降の電車を新性能電車というように、1959 年に登場した ED60 型以降の電気機関車は新性能電気機関車と呼ばれる。技術の進化により、パワーアップしたモーターや新しい制御方式などを導入して、大幅な性能向上などメカニカル部分での革新がみられるが、それ以上に外観のちがいが趣味的に議論されたものだ。

それまでの電気機関車というと、前後にデッキを持つ勇壮な姿が人気だったが、新性能電気機関車は箱型の車体で、スマートではあるが機関車としての迫力には欠ける、というのが鉄道好き先輩たちのの一般評であった。

貨物用電気機関車として EF60 型、旅客用 EF61 型が相次いで 1960、61 年につくられた。

EF60 型は標準的な機関車として増備をつづけ、1964 年までに 143 輌がつくられ、東海道線などで活躍。1965 年からはさらなるパワーアップなど改良し EF65 型に進化した。

EF60 型の時代から、貨物用機関車でありながら、ブルートレインには旅客列車に必要な暖房装置が不要なことから、EF58 型に代って牽引機となった。それは EF65 型に引継がれ、「500 番代」がブルートレイン用として塗色など特別仕様につくられていた。

東京機関区には、EF60 型、EF65 型は完成とともに配置され、ブルートレインの基地としての役を果たした。EF60 型は 1963 年 12 月〜、EF65 型は 1965 年 10 月〜であった。

右の写真は朝もやのなか六郷川橋りょうを渡る 20 系ブルートレイン「みずほ」。牽引機は EF60507。上り列車の先頭はナハフ 20 型座席車だ。次ページ上は EF65508。「あさかぜ」のヘッドマークを付けて東京機関区で出番を待っている姿。外観上も前照灯が二灯式になるなど変化が見られる。

EF65 508
あさかぜ
ASAKAZE

EF60508は、1963年につくられたEF60型にとっての第三次型をブルートレイン牽引用に小改造したもの。20系電源車との連絡用電話、非常用のスウィッチ等が設けられ、「500番代」の番号か付けられた。全部で14輛。

右は東京機関区で待機中の「さくら」のヘッドマーク付EF65529と右下は東京駅で出発を待つEF65505牽引の「はやぶさ」。この頃は下関まで、EF65型が一挙に走り切った。

東京機関区の配属ではなかったが、スマートなスタイリングで人気だったEF61型も品川駅通過時などを含め、眺めることができた。顔付きはEF60型と同じだが、サイドは綺麗なデザインで、蒸気暖房装置が付いていた。

SAKURA

EF 65 505
HAYABUSA

EF58 型のこと

なんでも旧いものが懐かしくていいというワケではないのだが、EF58 型電気機関車はひとつの「古典」というような存在として、鉄道好きには忘れられない。

戦後間もなく、デッキ付の旅客用電気機関車として登場するも、戦後間もない時期の資材不足などが影響して、トラブルも多く発生したことなどから、EF58 1 ～ 31 を製造したところでいったん製造が中止。1952 年には大きなチェンジを施して、登場することになった。

それが、われわれのよく知る半流線型車体のEF58 型である。デッキは廃止され、正面二枚窓の車体は、日本の鉄道に新たなスタイルを示したのだった。

その後わが国の発展期とも重なって、特急列車などの先頭にはEF58 型の姿があった。ブルートレインなども登場時には、電化区間はすべてEF58 型がヘッドマークを付けて快走していたものだ。

1963 年末からは EF60 型にブルートレイン牽引は変更されたが、東海道線の優等列車には相変わらず EF58 型の活躍が見られた。東京機関区には 1965 年 3 月現在で 26 輌の EF58 型が配属されていた。あるときは、全部で 172 輌がつくられた EF58 型のトップナンバー機、浜松区に転属した EF58 1 がいたりして、思わず駆け寄った。

1960年代中盤以降は耐寒、耐雪装備などを施して、東北線、高崎線、信越線などに転じるものも現われた。

そんななかで、東京機関区のスターのような存在として長く保たれたのがEF5861だ。浜松機関区にあったEF5860とともに、お召用機関車に指定され、1960年代後半に他機が青（「青15号」）とクリーム（「クリーム1号」）に塗り分けられた後も、茶色塗色のまま残った。

1960年代の客車区探訪などとは別の機会を持って東京機関区で取材させていただき、それはカラーグラフとしても紹介した。が、そのときでも、茶色塗色のEF5861は、やはり重厚感がちがうような気がしたものだ。

左は東京機関区でEF5861を中心に、数多くのEF58型が居並ぶ懐かしいシーン。右に見えるEF58102も東京機関区所属だが、スノウプラウ、正面窓ひさし付で異彩を放っていた。上は東京駅で撮影した「あさかぜ」の先頭に立つEF58 1。

上は東京機関区で遭遇したトップナンバー機 EF58 1。サイドのヨロイ窓やステップなどが改造されていたが、正面窓は水切りだけ。下はなにやら検修だろうか、暖房用蒸気を吹き出す EF58122 の周囲にたくさんのひとが集まっていた。以上 2 点は 1967 年 2 月撮影。右は車庫内で H ゴムの正面窓の EF58151。これは 1981 年撮影。

EF 58 151

EF53のこと

いかにも電気機関車らしいスタイルをした古豪電気機関車、EF53型にはそんな表現がよく似合う。国産初の大型電気機関車として試作的な意味を込めてつくられたEF52型をベースに、当時の完成形といわれたのが、このEF53型だ。

1932～34年に19輛がつくられた。デビュウ当初から特急「つばめ」などで活躍したが、より優秀な機関車の登場後、晩年は東京駅の入換えなどの小運転で過ごした。

というのも、EF5316～18はお召機関車に選ばれたもので、それを含めEF5316～19が長く東京機関区にとどまっていた。

大きなデッキを持ち、内側台枠の二軸先台車を抱え込んだ2C＋C2の軸配置は、旅客用電気機関車の標準となった。

1960年代には山陽線瀬野～八本松間の補機として使われるEF59型に改造されることになり、全機が山陽路に移転した。その最後に改造されたのがEF5313で、直前まで東京機関区に所属していた。

下は東京機関区時代のEF5316。間もなくEF5914に改造されることになる。右は東京駅で撮影したEF5318とその先台車部分。やはりその辺りが興味深かったのだ。

東シナ

品川電車区

品川電車区は基本的に山手線用の 101 系など通勤用電車の基地であった。新性能電車の第一陣として 1957 年に試作編成投入以来、すっかりお馴染みになっていた。

その 101 系の後継で 1963 年から登場した 103 系に変わりつつある状況で、1964 年 3 月末で 101 系が 143 輛、103 系が 106 輛の配属であった。山手線カラーであるウグイス色に染まりつつあった時期だ。

そもそも品川電車区は旧く 1909 年に新宿電車庫品川派出所として開設された。1910 年品川電車庫、1936 年には品川電車区になっている。1967 年に大崎に二階建ての基地が完成。現在は東京総合車輛センターになっている。

1960 年代当時、通常の 101 系、103 系以外に、クモハ 12 型 2 輛が籍を置いていた。

ほかに旅客用以外の車輛として、クモニ 13 が 10 輛。配給車としてクル、クモルが合わせて 20 輛、それに救援車クエ 9420、牽引車クモヤ 90 型 2 輛があったが、いずれも目にする機会は少ないままであった。

品川電車区の電車すべての合計は 284 輛、池袋電車区が 321 輛とあわせて、山手線の車輛を二分していたことになる。

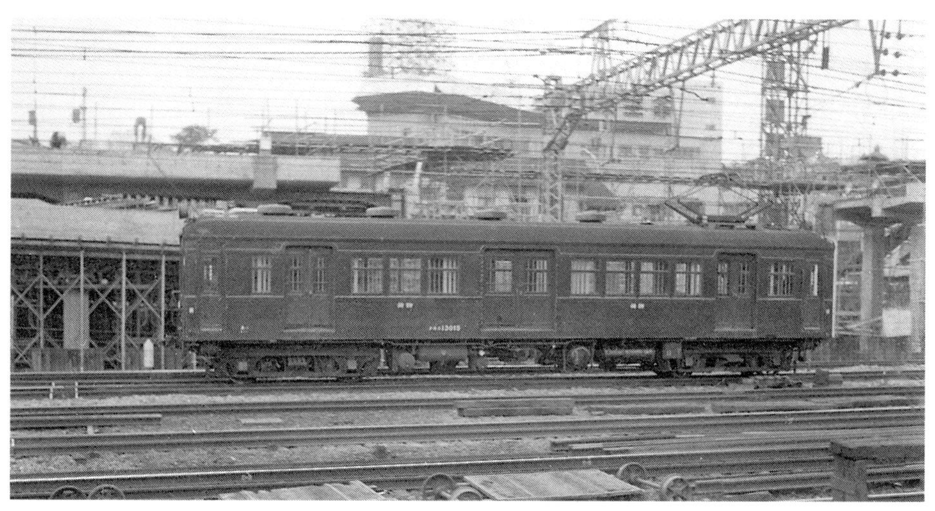

左は東京駅をバックに走る、山手線の 101 系電車。上は品川駅で撮影したクモニ 13。クモニ 13 型は荷物電車としてだけでなく、クル 29 型などと組んで、配給電車としても使われていた。

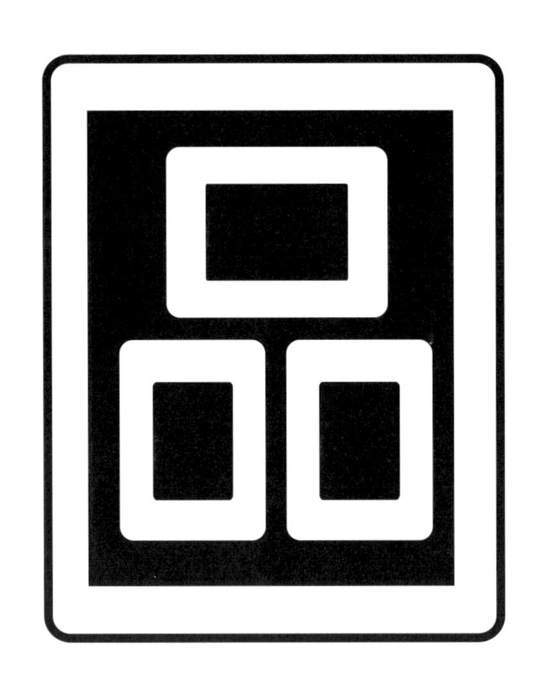

品川機関区

東京機関区とは別に、品川には品川機関区があった。ひと昔前には「B6」こと2120型タンク蒸気機関車などがいたが、1950年代末に無煙化が果たされ、もっぱらDD13型ディーゼル機関車の機関区、というような印象であった。

歴史的には、東京機関区よりも旧く、1916年に新橋機関庫の一部を分離し、貨物用機関車を主とする品川機関庫を開設したのがはじまり。それが1936年9月、品川機関区に改称されたものだ。しかし直後の、1937年頃には新鶴見機関区に貨物用機関車の多くを移管し、残った品川機関区は入換え用の機関車を管理するようになった。

1960年代当時も客車などの入換えのほか、汐留、築地市場や芝浦埠頭などの専用線の運転を受持っていた。

あるとき、品川で蒸気機関車に遭遇した。「ハチロク」こと8620型38671。どうやら、機関車が足りなくなって、横浜機関区から借り入れていたもののようだった。

このほか、少し前の品川機関区にはDD12型も配属されていて、いつも恵比寿～渋谷間のビール工場近くの側線で入換え作業をしていたのを思い出す。

国鉄民営化の折りにはJR貨物に所属。1998年、新幹線の品川駅の用地提供のために廃止されてしまった。

左は品川機関区の主力、DD13型ディーゼル機関車、DD1340。客車区での入換えのほか、付近の専用線で働いた。下は「無煙化」後の1960年代、品川で遭遇した38671。機関車不足で借り入れていたようだ。右は、そのむかし恵比寿～渋谷間で入換え作業をしていたDD12。

品川のヤードでは貨物列車の通過、また珍しい貨車にもお目に掛かることができた。上は3輌ものEF60型が通過していった。コンテナばかりでなく、まだ二軸貨車が中心の貨物列車であった。まさしく佳き時代のいちシーン。

1959年に走りはじめたコンテナ特急「たから」。汐留〜梅田間、チキ5500型コンテナ車24輌でで編成され、最後尾にはコンテナにあわせて淡緑色に塗られたヨ5000が連結されていた。品川を通過して行く「たから」。

上は懐かしい車掌車、ヨ2000型、ヨ2072。佳き時代は、貨物列車の最後は車掌車と決まっていたのだ。

1960年代はコンテナがまだ新車で珍しい存在だった。「戸口から戸口へ」のキャッチも懐かしい。いまや、トラック全盛、まさに佳き時代というものだ。右も偶然出遇った大物車、シキ85。なかなかたくさんのフィルムは割けなかったが、興味深いものにはカメラを向けた。

新幹線　開業前夜

品川、田町の「聖地」探訪の折だった。東側に大きな建物が建設中で、そこに新幹線車輛が見えた。怖いもの知らずというか、咎められないのをいいことにカメラを持った少年たちは、開業前の新幹線を観察するのだった。

検修のための建物も、ようやく線路が敷かれたところ、といった状態。到着したばかりの0系新幹線も新鮮だった。1964年10月に開業する半年ほど前のこと。いまや、それも貴重な記録になって残っている。

上は品川地区に新しい鉄道施設として1964年に建設中だった検修庫。トロッコも標軌のものは幅広だ。左は搬入されたばかりの汽車会社製0系新幹線。

先頭部の「光前頭」が取付けられると、すっかり０系新幹線車輌の姿になる。中のグリーン車のドア周囲が金色に輝いているのにびっくり。「光前頭」を外すと、中には非常用の連結器が収まっていたりする。

あ と が き

鉄道趣味はここからはじまった…

長く鉄道趣味をつづけてきて、いつも時間との競争だったなあ、という思いがある。蒸気機関車もローカル線も軽便鉄道も、ギリギリ触れられた世代。もう少し早く生まれていれば、という簡単な話ではない。
もし、少し早く生まれていたとしても、残念ながら、カメラの性能、足となるクルマの入手、それになにより情報量のちがいなど、どうにもならない。だいたい、周囲に当たり前に存在していた蒸気機関車や軽便鉄道に興味と情熱が持てただろうか。
要するにそうした環境の充実と鉄道の衰退（少なくとも興味の対象として）は無関係ではない、ということだ。
たとえば、クルマの発達が地方鉄道を駆逐した、ともいわれる。だが、いち早くクルマを手に入れたおかげで、全国の蒸気機関車、ローカル線、軽便鉄道など、消えゆく鉄道情景を効率よく記録できた。もしも、クルマでなかったら… それこそどこの鉄道線とも接続しておらず人知れず生存していた森林鉄道など、クルマなくしては発見できなかった最たるもののひとつだ。逆にいうと、われわれのような学生の分際でもクルマが使えるようになったのだから、ローカルな鉄道など生きる術はなかったはずだ。そんな時代のアヤのような部分でわれわれは、趣味として鉄道を追いかけてきた。
発展と衰退のちょうどクロスポイントにあった時代。そう考えたら、なんと幸運な時代に育ったものか、いまになってつくづく思うのである。
そういう気持とともに、鉄道にとっての佳き時代、自分にとっての佳き時代を記録にとどめる作業に邁進している。

本書は「時代のアヤ」という点では、そこに達する前夜というような時期、である。鉄道に興味を持ち、無我夢中で追い掛けはじめた時期。カメラでポケットを膨らませ、自転車で六郷川橋りょうに大遠征した、というときのものである。自分自身の技量、情報量だけでなく、カメラも追いついてなく、ああ、もっといいカメラを、もっとたくさんのフィルムを…　といま思い返すと歯痒さが先に立つような時代の記録である。

クウォリティよりもそこに写っている車輛がだいじ、で採り上げた写真も混じっている。そこは、同好の趣味人として大目に見ていただきたい。その頃の雑誌に鉄道人の方々が半分仕事として、フィルムをふんだんに使い旅費も掛からずに撮影できたであろう写真を恨めしく思いながら、鉄道好き少年なりに頑張っていた。思い返すに、よくもまあ頑張っていたなあ、というような気にさえなってしまう。

それにしても、いまとなってはどうやってあれだけの写真が撮れたのか、思い出せない。ただいえることは、あの頃の鉄道はとても温かかった、ということだ。カメラを持ってホームにいれば、運転台を見せてくれたりもした。「入換えがあるから気を付けろよ」とはいわれたけれど、機関区ではむしろ歓迎してもらえた。

いつだったか、蒸気機関車が少なくなって「ブーム」のようになり、線路内で写真を撮っていた少年が怪我をし家族が「訴訟」まで起こしたことがあった。こんにち、なにかというとコンプライアンスと大騒ぎして、生きにくくなってきているが、そこまではいかないとしてもその時なにかが変わったような気がする。

閑話休題、そうした車輛基地を訪問するのではなく、クルマを使って鉄道沿線に出掛けるようになったのは、そうした規制強化と無縁ではあるまい。鉄道現場では、ローカル線や軽便鉄道に温かさが残っていた、というのも都会の基地に行かなくなった原因かもしれない。

というわけで、まだ鉄道が温かかった時代、佳き時代の思いが詰まった一冊。その思いが伝われば嬉しい。文末になったが、当時の鉄道の方々にはもちろん、一部写真を提供いただいた（著者よりいいカメラを持っていた）当時からの盟友、青木光成君、籏野雅昭君、大山俊英君、それにいまは亡き五島 哲君に謝意を表する。

また、こん回まとめる機会を与えていただいた版元、磯田 肇社長をはじめみなさまに感謝し、結びとしたい。

こん回、掲載をあきらめていた一枚。カメラはオリンパス・ペン。「S」も付かない、ズイコー f3.5 レンズ付。好条件のときは、本当に見開きにできるほどよく写るが、粒子はじめダメなときはこちらの思いとは裏腹な結果になっていたりする。いいカメラが手に入った頃には残念ながら車輛は廃車になっていたり、鉄道ごとなくなっていたり… 時代の「アヤ」だなあ。手前の大きな竹カゴも時代モノだ。写真撮るときはどかさなければ、といわれそうだが、たとえば「パンタあげてくれませんか」などという注文も、ただの趣味人はプロを煩わせてはいけない、と思ってできなかった。

「高輪ゲートウェイ」駅開業を直前に

いのうえ・こーいち

著者プロフィール

いのうえ・こーいち（Koichi-INOUYE）
岡山県生まれ、東京育ち。幼少の頃よりのりものに大きな興味を持ち、鉄道は趣味として楽しみつつ、クルマ雑誌、書籍の制作を中心に執筆活動、撮影活動をつづける。近年は鉄道関係の著作も多く、月刊「鉄道模型趣味」誌などに連載中。主な著作に「図説蒸気機関車全史」（JTB パブリッシング）、「名車を生む力」（二玄社）、「ぼくの好きな時代、ぼくの好きなクルマたち」「C 62 ／団塊の蒸気機関車」（エイ出版）「フェラーリ、macchina della quadro」（ソニー・マガジンズ）など多数。また、週刊「C62 をつくる」「D51 をつくる」（デアゴスティーニ）の制作、「世界の名車」、「ハーレーダビッドソン完全大図鑑」（講談社）の翻訳も手がける。
株）いのうえ事務所、日本写真家協会会員。
連絡先：mail@tt-9.com

著者近影

いのうえ・こーいち　著作制作図書

- 『世界の狭軌鉄道』いまも見られる蒸気機関車　全 6 巻　2018 〜 2019 年　メディアパル
  - 01、ダージリン：インドの「世界遺産」の鉄道、いまも蒸気機関車の走る鉄道として有名。
  - 02、ウェールズ：もと南アフリカのガーラットが走る魅力の鉄道。フェスティニオク鉄道も収録。
  - 03、パフィング・ビリイ：オーストラリアの人気鉄道。アメリカン・スタイルのタンク機が活躍。
  - 04、成田と丸瀬布：いまも残る保存鉄道をはじめ日本の軽便鉄道、蒸気機関車の終焉の記録。
  - 05、モーリイ鉄道：現存するドイツ 11 の蒸機鉄道をくまなく紹介。600mm のコッペルが素敵。
  - 06、ロムニイ、ハイス＆ダイムチャーチ鉄道：英国を走る人気の 381mm 軌間の蒸機鉄道。
- 『C62 2 final』 C62 2 の細部写真を中心に、その晩年の姿を追う。　2018 年　メディアパル
- 『D51 Mikado』 C62 2 の続編で D51200 のディテールと保存機など。2019 年　メディアパル
- 『図説国鉄電気機関車全史』200 点超のイラストで綴る国鉄電気機関車のすべて。2017 年　メディアパル
- 『井笠鉄道』 晩年の軽便情景を大判の写真で。また、図面とともに車輌も詳述。2019 年　こー企画
- 『英国車リヴュウ』 ミニ、ロータス、MG など英国車の魅力満載。2018 年「いのうえ事務所」取扱い
- 『「カニさん」ブック』 英国生まれの人気小型スポーツカーの愉しい一冊。2020 年　こー企画

高輪ゲートウェイ
そこは鉄道好きの「聖地」だった

発行日　2020 年 3 月 14 日
初版第 1 刷発行

著　者　いのうえ・こーいち
発行人　磯田　肇
発行所　株式会社メディアパル
〒 162-8710　東京都新宿区東五軒町 6-24
TEL　03-5261-1171
FAX　03-3235-4645

印刷・製本　中央精版印刷株式会社

ISBN 978-4-8021-1044-0 C0065